한국청소년 오지탐사대

2022
오지멘터리

한국청소년 오지탐사대 2022

오지멘터리

인쇄 2023년 1월 10일
발행 2023년 1월 25일

발행인 손중호
발행처 사단법인 대한산악연맹
글 2022 한국청소년 오지탐사대
사진 2022 한국청소년 오지탐사대, 정병선(태즈메이니아 사진 제공)
편집 박미숙
기록정리 이종상, 임채린, 장혜지
주소 서울 송파구 올림픽로424 올림픽공원 SK핸드볼경기장 106호
전화 02-414-2750
홈페이지 www.kaf.or.kr | **이메일** kockaf@kaf.or.kr
펴낸곳 성림북스 | **출판등록** 제25100-2014-000054호
디자인 쏘울기획

ISBN 979-11-88762-87-3 (03980)
정가 19,800원

한국청소년 오지탐사대

2022 오지멘터리

청춘들의 오지탐사 | 가슴에 새겨진 성공과 실패 | 오롯이 그들만의 보석

<u>키르기스스탄 악수</u>

<u>네팔 무스탕</u>

<u>호주 태즈메이니아</u>

Contents

한국청소년 오지탐사 로드

SINCE 2001

2001년 시작된 오지탐사대는 2022년까지 1000여 명의 청소년들이 세계 30여 개국의 오지를 탐사했다.

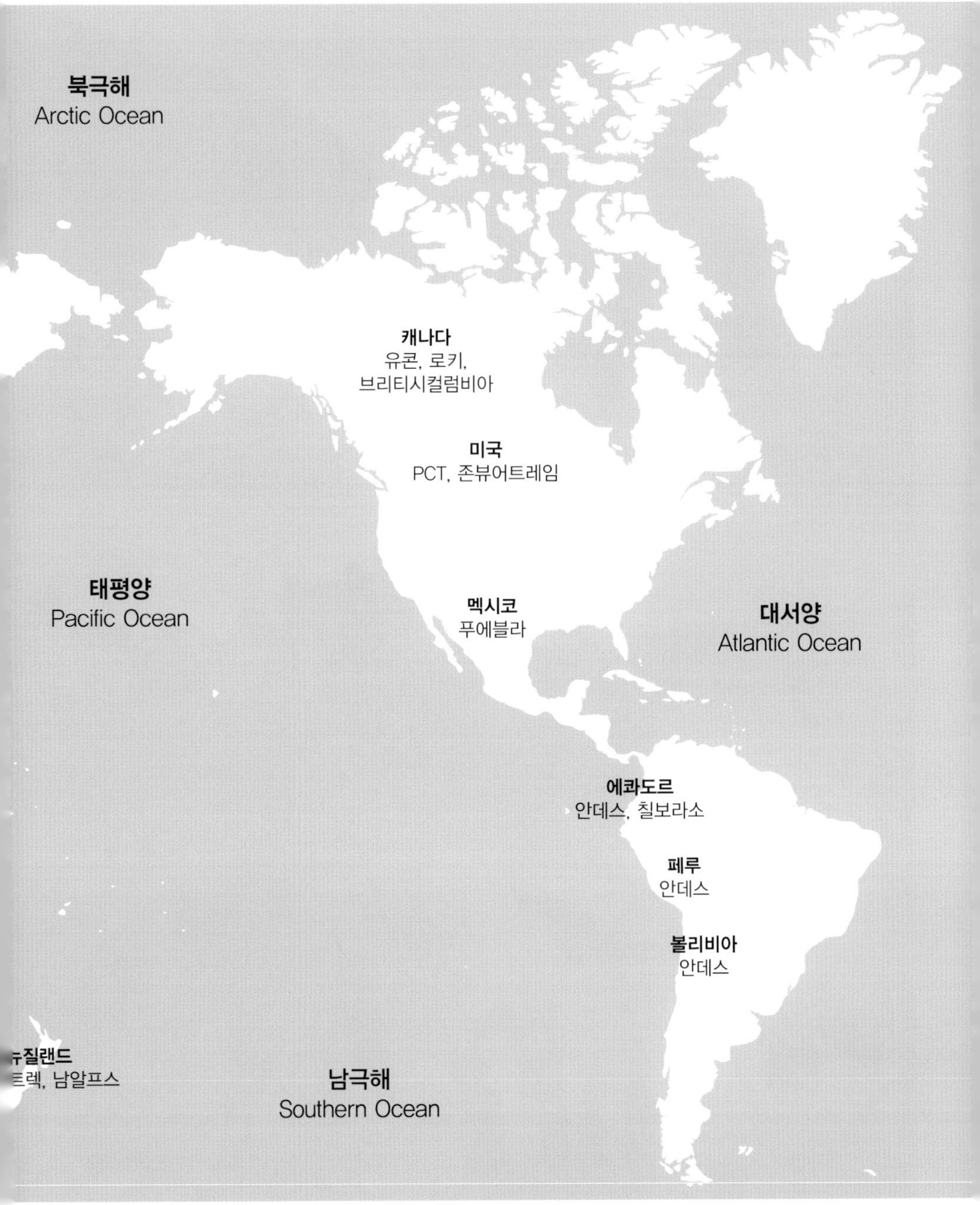
북극해
Arctic Ocean
캐나다
유콘, 로키,
브리티시컬럼비아
미국
PCT, 존뮤어트레일
태평양
Pacific Ocean
멕시코
푸에블라
대서양
Atlantic Ocean
에콰도르
안데스, 칠보라소
페루
안데스
볼리비아
안데스
뉴질랜드
트렉, 남알프스
남극해
Southern Ocean

KOLP

한국청소년 오지탐사 대원이 되는 꿀 정보

한국오지탐사대 지원은 인스타그램으로.

Step 1

본인의 인스타그램 계정에 아래 내용을 포함하여 자유 양식으로 작성하여 게시물 업로드

- 지원동기
- 선발되어야 하는 이유
- 아웃도어 활동 경험
- 오지탐사대원이 된다면 팀에서 하고 싶은 역할

2022 대원들이 전하는 지원서 작성 꿀팁 Tip

"아웃도어 경험에 대해 작성하라는 질문이 있었어요. 그런데 전 아무런 아웃도어 경험이 없어서 '경험이 없는 내가 오지탐사대에 지원해도 될까?' 라는 생각이 들더라고요. 아무 경험이 없는데도 정말 가고 싶다는 열정으로만 작성했더니 합격한 거 같아요."

- 엄윤솔 대원

"간절함과 그리고 자신의 아웃도어 활동을 하며 느낀 점을 간단명료하게 적을 것"

- 김수한 대원

"진심에서 우러나오는 마음을 담는 것이 꿀팁이라고 생각해요. 극복하고 싶은 부분, 도전하고자 하는 이유, 그동안의 대외활동 시 중요하게 생각했던 부분 등등 자신이 지금껏 살아오면서 느꼈던 바를 잘 풀어내어 전달하는 것이 중요한 것 같아요. 또는 차별화된 지원서를 작성하고자 한다면 성격과 MBTI로 풀어내는 것도 재밌겠네요!"

- 장혜지 대원

"자기가 오지탐사대를 왜 무엇 때문에 하려고 하는지 내가 어떤 아웃도어 활동들을 했는지 정확하고 확실하게 쓴다."

- 고준호 대원

"화려한 경력을 적는 것도 좋지만 적당한 재치와 열정을 보여줌으로 본인을 궁금하게 만드는 지원서가 더 중요한 것 같다."

- 변창혁 대원

"본인이 잘 하는 것과 자신 있는 것들을 잘 파악하고 관련 경험을 담아내는 게 중요한 것 같습니다."

- 김가람 대원

Step 2

게시물 업로드 후 인적사항을 대한산악연맹 인스타그램(kaf_1962)으로 DM발송

Step 3

아웃도어 리더십 테스트 & 면접

- 1차 서류심사 합격자 대상
- 2박3일 등산교육과 팀별 미션 수행
- 산행능력
- 근력 및 지구력
- 인내심 등등

국 청소년 오지탐사대 2차 선발과정
2022년 5월 20일(금) ~ 5월 22일(일) 충북 제천 박달재수련원
KOLPING
오지탐사대를
하면서 느낀 점
無敵3조
今年 5月20日 ~ 5月22

2022 한국 청소년 오지탐사대 2차 선발과정
2022년 5월 20일(금) ~ 5월 22일(일) 충북 제천 박달재수련원
KOLPING
All Different
All Unique

아웃도어 테스트에서 중요한 것은? Tip

정신력, 산에 대한 경험이 없음에도 간절함으로 완주할 수 있었다. 넘어져서 아프더라도, 최대한 빨리 일어서서 걸어가면 된다. 그런 절실한 마음으로 부족한 부분을 보완해나가면 된다.

- 채지용 대원

체력, 리더십, 팀워크 등 모두 중요하지만, 무엇보다 크게 뒤쳐지지 않는 체력과 조원들을 향한 이타심이 중요한 것 같습니다.

- 이종상 대원

본인의 특기를 하나 만드십시오 매우 뛰어난 체력이라거나 서람들을 즐겁게 해준다거나 밥을 맛있게 할 수 있다거나 저는 밥을 맛있게 만들었습니다

- 송준하 대원

저는 전국노래자랑 출신임을 강조하기 위해 최대한 분위기를 띄우는 역할을 맡았어요. 비산악부이기 때문에 산악부 친구들에 비해 산행 지식은 많이 부족할테니 그 부족한 점을 흥과 에너지로 메꿔야겠다고 생각했어요. 그 부분을 제외해서는 톡톡 튀기 보다는 부족함을 인정하고 배우려는 자세로 아웃도어 테스트를 진행했었어요

- 조재석 대원

Step 4

지금부터 시작이야~
지옥훈련인가!
산악훈련인가!

- 대장, 지도위원의 지도하에 주말 1박 2일, 총 7차에 걸쳐 훈련
- 장비사용 교육
- 무박종주산행
- 하중훈련
- 팀워크 강화 훈련
- 암벽등반 기초 교육

오지탐사대 장비 걱정 No ~

후원사 (주)콜핑 장비 지원

- 의류: 다운재킷, 3레이어 재킷, 윈드 재킷, 후리스 재킷, 바지(동계, 하계, 7부 바지), 티셔츠(동계, 긴팔 집업 티셔츠, 반팔 라운드 티셔츠)
- 등산화: 등산화, 트레킹화
- 배낭: 대형배낭(70L), 소형배낭
- 등산장비: 텐트(대형, 중형, 소형), 침낭, 침낭 커버, 매트리스, 돔 랜턴, 해드렌턴, 스토브, 코펠, 물병, 바람막이, 등산스틱, 카고백
- 소품: 비니, 모자, 양말, 장갑, 스패츠, 우의, 여행파우치, 물병, 컵, 팔토시, 바라클라바, 스카프 등

Kyrgyzstan
Ak-SUU
키르기스스탄 악수

Team Almato
Since 2022 Kyrgyzstan
Team Almato

키르기스스탄 카라콜 악수

키르기스스탄은 중앙아시아 동부 산악지역에 있다. 국토의 80% 이상이 산악지대이며 천혜의 환경이 온전하게 보전되어 있어 '중앙아시아의 스위스'라 불린다. 국토 대부분이 해발 1,000m 이상으로 자연환경이 온전하게 보전되어 있고 전 국토가 10여 개의 산맥으로 형성되어 있다. 우리 탐사대는 천산산맥 고지대에 위치한 이식쿨주 카라콜시를 기점으로 하여 악수 산군 지역을 탐사했다. 카라콜은 인구 7만 내외의 소도시이며 해발 1,600m에 있다. 키르기스스탄 악수는 '깨끗한 물'이라는 뜻을 가졌으며 하루에 사계절의 기온과 바람을 느낄 수 있는 재미있는 지역이다.

시로타 캠프

시로타 캠프는 해발 2,950m에 있다. 시로타 캠프에서 알라쿨 호수까지

약 2.5km 정도로 그리 멀지 않은 곳에 있다. 아침 8시쯤 해가 들고 저녁 7시쯤 해가 지는 곳으로 해만 뜬다면 종일 따듯하다. 캠프에서 얼마 떨어지지 않은 곳에 흐르는 물이 있지만 바로 먹지는 못한다. 정수기를 사용하거나 끓여 먹어야 한다. 시로타 캠프에 달걀, 양파, 밀가루 등 식료품을 파는 곳이 있다. 그리고 습식사우나 시설이 있어서 샤워도 가능하다.

시로타 캠프에서 알라쿨 호수로 올라갈 때 조금 더 떨어진 악사이 캠프 방향으로 가는 것이 더 좋다. 악사이 캠프에는 화장실과 바위 물이 있어 식수 보충과 볼일을 볼 때 더욱 편리하다. 알라쿨 캠프 반대편 루트로 이동하여 능선에 오르면 눈 덮인 산맥들의 멋진 풍경들을 볼 수도 있다.

아유 토 라이스 캠프

카라콜 시내에서 걸어가거나, 오프로드가 가능한 차량으로 이동할 수 있다. 아유토는 악수 지역의 중심지이다. 동쪽으로는 알틴아라샨이 있고, 서

쪽으로는 제티 오구즈가 있다. 남쪽으로 가면 악수 지역 최고봉인 카라콜 봉우리(5,216m)가 있고 그 밑으로 유주니어 빙하가 있다. 아유 토 라이스 캠프는 여행사가 운영하는 텐트 캠핑사이트도 있어 쾌적하게 사용할 수 있다. 주변에 빙하가 녹아 만든 계곡이 옆에 있지만 소와 말의 분비물, 석회질이 많이 포함되어 있어 무조건 정수하거나 끓여 먹어야 한다.

알라쿨 호수

알라쿨 호수는 악수 지역 터스키 알투 산맥에 있는 암석 댐 호수다. 카라콜 남쪽으로 20km 떨어진 해발 3,532m에 있다. 알라쿨 호수를 방문하기 가장 좋은 시기는 7월 초에서 9월 말이다. 따뜻한 여름에도 낮 기온이 15도에서 밤에는 5도까지 내려간다. 비가 자주 내리고 심지어 여름에도 눈이 올 수 있어 따뜻한 옷, 방수가 잘되는 등산화가 필요하다. 카라쿨 국립공원 입

구에서 미니버스를 타거나 택시로 접근이 가능하다. 알라쿨 입구 다리에서 오솔길을 따라 500m 정도 오르면 시로타 캠프가 나온다.

테미토르 마운틴

테마토르 마운틴은 3개의 봉우리가 모여 있다고 하여 현지 말로 삼 형제 봉우리라 불린다. 시로타 캠프에서 알라쿨 호수로 올라가다 북쪽에 위치한 너덜지대를 올라가면 된다. 테미토르 텐트 사이트를 구축할 시 능선을 따라 떨어지는 낙석에 주의해야 한다. 능선과 떨어진 곳에 텐트를 설치해야 한다. 그리고 바위 지대이고 평평한 곳이 없어 평탄화 작업을 해야 한다. 식수 포인트는 눈이 있는 곳까지 조금 더 올라가야 한다. 우리가 탐사한 7월 중순에는 눈이 녹았기 때문에 너덜지대 급경사를 올라가야 했다. 이때 지그재그로 올라가고, 어센딩을 하는 것이 좋다.

테미
시로타 유르트
아유 토 라이스

틴
무명봉 패스
호수
빙하 탐사

키르기스스탄 악수 탐사 일정

2022년 7월 22일 ~ 8월 12일(22일간)

7월 22일

인천공항 → 알마티공항 → 오타르호텔

7월 23일

오타르호텔 → 카라콜

7월 24일

카라콜

7월 28일

알라쿨 캠프(점검일)

7월 29일

알라쿨 호수 빙하 탐사

7월 30일

알라쿨 호수 주변 탐사

8월 3일

시로타 유르트 캠프(우천으로 캠프에서 대기)

8월 4일

시로타 유르트 캠프 → 테미트로 캠프(3,570m)

8월 5일

전진캠프 → 테미토르 등정(4,013m) → 시로타 유르트 캠프(2,950m)

8월 9일

제티 오구즈 탐사 → 문화교류

8월 10일

카라콜 → 카자흐스탄 알마티

8월 11일

알마티 → 인천국제공항

7월 25일

카라콜 → 시로타 유르트 캠프(2,950m)

7월 26일

시로타 유르트 캠프 → 알라쿨 탬프(3,530m)

7월 27일

알라쿨 캠프 → 무명봉 등정(3,920m) → 알라쿨 캠프

7월 31일

알라쿨 캠프 → 시로타 유르트 캠프

8월 1일

시로타 유르트 캠프 → 프세발스크 사전답사(원점회귀)

8월 2일

시로타 유르트 캠프 → 너덜지대 훈련(원점회귀)

8월 6일

시로타 유르트 캠프 → 아유 토 라이스 캠프

8월 7일

아유 토 라이스 캠프 → 카라콜 국립공원 → 카라콜

8월 8일

스카스카캐니언 → 이시콜 호수탐사

우리는 '알마토'

국내 훈련에서 대원들 모두 지치고 힘들었던 순간

조현세 대원이 동요 '토마토'를 불렀다.

대원들 모두 너무 웃고 나서

지쳤음이 승화되고

기운이 났다

'토마토'는

힘들 때 부르면

웃음이 나는 노래가 되었다.

'알마토'

Alpine + Tomato = Almato

민현주 _ 대장

"배려와 화합으로 걷는다"

현) 대한산악연맹 환경보전 이사
2014 중국 뤄더만인 신루트 등정
2018 중국 사찬성쌍교구 빙벽등반
2019 키르기스스탄 악투봉 등반

이경숙 _ 지도위원

"오늘을 충실하게 살자!"

현) 대구광역시산악연맹 청소년이사
1988 전국 60Km 극복등행대회 대학부 우승
2017 네팔 안나푸르나 BC 트레킹
2020 네팔 E.B.C. 및 칼라파타르 트레킹
2021 제53회 대통령기 여자장년부 2위

장혜지 _ 부대장

"선택에 후회하지 말자"

전주대학교 시각디자인학과 졸업
2018 키르기스스탄 악사이 원정
2018 산티아고 순례길 프랑스길 완주
2018 K2 어썸하이킹 야마구치 트레킹

엄윤솔 _ 의료

"견뎌! 버텨! 한 개만 더!"

광주문향고등학교 3학년
2018 공기소총 꿈나무 국가대표
2019 전라남도지사배 공기소총 단체 우승

김수한 _ 촬영

"10대의 마지막 도전"

부산정보관광고등학교 3학년
2020 낙동강 자전거길 완주
2022 산티아고 순례길 프랑스길 완주

채지용 _ 기록

"한 걸음만 더!"

서울대학교 국어국문학과
2015 탐라문화원정대
2016 동계청소년 산악캠프

황동식 _ 식량

"흥해도 청춘 망해도 청춘"

전주대학교 기계자동차공학과
2019 대통령기 등산대회 참가
2021 전주대학교 산악부 대장

김명현 _ 수송 및 장비

"하면 뭐든 된다"

동국대학교 건설환경공학과
2019 rope access lv.1 취득
2022 동국대학교 동굴탐험연구회 대장

조현세 _ 운행

"이 또한 지나가리라"

동아대학교 기계공학과
2013 로부제 동봉 등정
2018 아이거, 몽블랑 등정
2021 대통령기 53회 대학부 우승

진기윤 _ 행정 및 회계

"자유와 책임"

고려대학교 체육교육과
2017 고려대학교 체육교육과 입학
2021 피트니스 책 '알면 더 쉬운 건강' 출간

꿈이 아니구나.
아직도 산이구나.
하루 빨리 하산하고 싶다.
새벽에 몰래 내려가고 싶다.

생각지도 못했던 고산병
변화무쌍한 날씨가 찾았지만
언제나 웃으려 노력했던 우리, 알마토
한 여름밤의 꿈 행복했던 우리들의 시간

우리의 도전은 끝이 아닌, 지금부터 시작이다!

D-Day 우리 잘 갔다 올 수 있겠지?

인천공항 ~ 카자흐스탄 알마티공항

채지용

출국하기 이틀 전부터 합숙 했다. 인천 문학경기장에 모여 탐사대 짐을 꾸리고 발대식에도 참가했다. 여느 때보다 잠을 푹 잤고 상쾌한 마음으로 발대식 장소인 서울 시청으로 향했다. 발대식을 하는 내내 이제 정말로 떠난다는 실감이 났다. 두 달간의 훈련들이 새록새록 떠올랐다. 죽을 만큼 힘들었던 무등산 무박 산행부터, 가장 높이 올라갔던 지리산 산행까지 길다면 길고, 짧다면 짧은 시간이지만 그간의 노력을 통해 많은 경험을 쌓았다는 생각에 나름 자신감이 가득했다.

발대식을 마치고 지하철을 타고 인천국제공항으로 향했다. 공항에 도착해 짐 패킹을 재차 확인하는데 체계 없이 우왕좌왕 정리하고 있어 대장님

께 주의를 들었다. 설레고 기대되는 들뜬 마음이 차분히 가라앉았다. 우리는 지금 여행을 떠나는 것이 아니다. 오지 탐사를 떠나는 것이다. 으스러진 긴장을 잡고 다시 되새겼다. 그러나, 탑승수속을 하다 보니 또다시 가슴이 두근거렸다. 열정적으로 참여하되, 차분함을 잃지 말아야겠다고 다짐했다.

저녁 7시부터 6시간 30분의 긴 비행을 했다. 알마티 국제공항에 도착하니 어느새 시간은 11시 30분이었다. 알마티는 이질적인 풍경을 갖고 있었다. 피곤에 찌든 눈을 비비며 도시를 눈에 담았다. 익숙하지 않은 글자들, 한국에서 찾아보기 어려운 모습의 사람들, 도시의 분위기도 꽤나 달랐다. 차가울 만큼 차분하고 정적인 분위기였다. 기대와 우려가 공존하는 미지의 공간이었다. 과연 우리가 먼 타지에서 남은 3주 간의 일정을 잘 진행할 수 있을까?

Day 2 덜컹거리는 차 안에서

카자흐스탄 ~ 키르기스스탄 카라콜

김수한

아침 6시에 카자흐스탄에서 키르기스스탄으로 국경을 넘어가는 버스에 탑승했다. 끊임없이 달렸다. 윤솔이는 차멀미를 했고 대원 대부분은 잠들고 깨기를 반복했다. 4시간 반 정도 쉴 새 없이 달려 키르기스스탄 국경에 도착했고, 국경을 넘기 위해 3시간이 넘는 시간을 기다렸다. 카자흐스탄에서 키르기스스탄으로 넘어가는 관광객이 많아 오랜 시간 기다려야 했다. 통신도 안 터져 듣고 싶은 노래도 못 듣고, 카고백 안에 있는 카드도 못 찾아 두 시간이 무료하게 흘렀다. 그러나 광활한 초원 저 끝에 보이는 높은 고산의 풍경이 일품이었다. 우리가 저 앞 높아 보이는 산보다 더 높은 산을 오른다 생각하니 한편으로는 걱정됐지만, 동시에 기대도 됐다. 각양각색의 사람들, 젊은 사람부터 노인들까지 엄청 다양했다. 키르기스스탄엔 무엇을 하러 갈까? 우리처럼 탐사를 갈까? 너무 궁금했다.

국경을 넘은 이후 2시쯤에 양봉장을 방문했다. 그곳에서 꿀 1리터를 샀는데, 키르기스스탄의 꿀맛은 말 그대로 '꿀맛'이었다. 너무나 달콤했다. 가이드는 현지에서 꿀을 자주 먹는다고 설명했다. 차에 섞어 먹거나 감기약으로도 먹는다고 한다.

버스 시간이 생각보다 길어져서 밥을 한 끼도 먹지 못한채 오후 4시에 늦은 식사를 했다. 소고기, 수프, 샐러드, 빵 등 오랜 배고픔 끝에 먹은 밥은 정말 맛있었다. 마트에 들르고 나서 6시가 되어서야 우리가 묵을 호텔에 도착했다. 도착하자마자 정신없이 후에 있을 산행을 위해 짐 패킹을 시작했다. 덜컹거리는 차를 타고 10시간 넘게 차를 달려는데 도착하자마자 바로 짐 패킹 시작이라니 너무 가혹했다. 대원 전체가 힘들어도 다 같이 한마음으로 열심히 하니 생각보다 일찍 끝났다. 정신없는 하루였다. 바쁘게 달려온 하루가 끝나가며 너무 피곤했지만, 키르기스스탄에서의 첫날밤은 설렘으로 가득했다.

Day 3 마지막 점검

카라콜 체류

조현세

카라콜 시내에서 산을 가기 위한 준비를 한 날이다. 아침 10시에 대장님과 나, 부대장님 그리고 통역사와 함께 마운틴 가이드 운행 준비를 위해 트레킹 여행사에 방문했다. 나머지 대원들은 식량 계획에 따라 장을 보러 갔다. 통역을 통해 소통하다 보니 우리의 요구사항 수용이 잘 안 되었다. 그래도 계속 정보를 재확인하며 운행계획을 수정하였다. 이 과정에서 답답하고 서로 말하는 게 다를 때 난감했지만 침착하게 소통하니 잘 마무리되었다. 여행사에서 나와 장을 보고 있는 대원들에게 갔다. 동식이, 지용이, 윤솔이가 기윤 누나의 지휘하에 장을 보고 있었다. 각자 맡은 역할과 그 역할을 도와주는 알마토 대원들을 보며 이번 오지 탐사대는 성공적으로 마무리될 것 같다는 생각이 들었다. 장을 다 보고 숙소에 와보니 양이 너무 많았다. 아마도 인원이 많아 그런 것 같았다.

2시부터 장비와 식량 그리고 개인 짐을 카고백에 패킹을 시작했다. 어느 카고백에 어느 장비 및 식량이 있는지 파악해야 하였다. 또 포터들이 요구하는 무게인 17kg에 짐 무게를 맞춰야 했다. 식량도 각 탐사 대상지 일정에 따라 3차로 분류했다. 대원들은 이런 복잡한 패킹이 익숙하지 않아 계속 짐을 뺐다 넣었다 하였다. 6시 반이 되어서야 힘든 패킹이 끝났고 우리 모두 너무 지쳤다. 그래도 최종 패킹이 끝났을 때 모두 기뻐하며 내일 있을 산행에 대한 마음의 준비와 결심을 하였다.

탐사 기간 사용할 의료 물품을 정리하는 윤솔이, 돈을 정리하는 기윤 누나, 노트 여러 개를 가지고 가는 기록담당 지용이, 고프로 등 촬영 장비를 준비하는 수한이, 카고백에 들어간 장비와 식량 리스트를 다시 보기 좋게

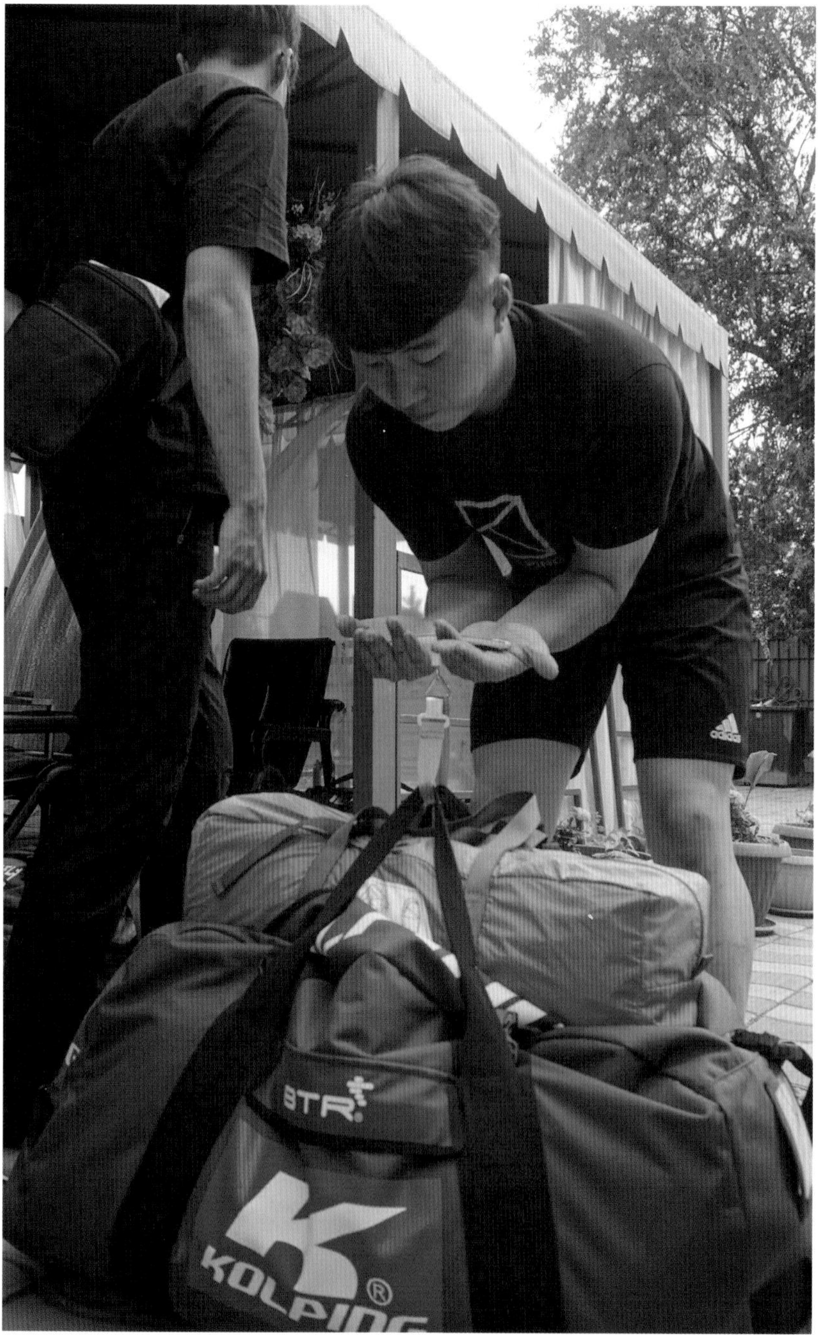
BTR
KOLPING

정리하는 명현이와 동식이, 전체적으로 관리하는 혜지 누나. 지도와 구글 어스를 보며 운행 루트를 보는 나까지 모두 밤늦게까지 진심으로 준비했다. 할 수 있다. 알마토! 해낼 수 있다. 파이팅!

Day 4 첫 번째 베이스캠프를 향해

카라콜 ~ 시로타 유르트 캠프 / 2.7km

진기윤

아침 8시부터 패킹이 한창이었다. 오늘은 우리의 첫 베이스캠프인 2,950m 시로타 유르트 캠프에 올라가는 날이었기 때문이다. 출발하고 나면 14일 동안 시내로 내려오지 않기에 긴장과 설렘의 분위기가 공존했다. 패킹을 마치고, 204kg의 짐을 정리한 카고백을 포터와 산악가이드에게 전달했다. 짐을 모아놓고 보니 정말 많았다. 과연 이걸 다 옮길 수 있을지 감이 안 왔다. 걱정과 달리 포터들은 등산화도 없이 슬리퍼, 샌들, 운동화에 티셔츠 차림으로 무덤덤하게 이동을 준비했다.

고도 2,500m까지 탱크를 개조한 차를 타고 산을 올랐다. 차는 디스코 팡팡처럼 엄청나게 흔들렸는데, 불안함 없이 강이고 돌이고 뚫고 지나갔다. 처음 타봤는데 앞으로 탈 기회가 없을 거 같았다. 그 순간을 즐기고 싶어 최대한 눈에 풍경을 담으려 노력했다.

오후 2시가 넘어 고도 2,500m에 위치한 시로타 유르트 캠프에 도착했다. 2km 정도 되는 짧은 거리를 걸었다. 걷기 시작한 지 5분 만에 숨이 가빴다. 국내 훈련 때와 달리 배낭 무게를 도와줄 대원이 없다는 사실이 걱정되었다. 나는 힘든 몸을 이끌고 천천히 걷는 것밖에 할 수 있는 게 없었다. 강한 동식이도 걷다가 코피가 났다. 이게 고산이구나……. 다행히 한 발 한 발 걷다 보니 조금씩 고산에 적응이 되었다.

짧은 거리의 산행이었지만 키르기스스탄의 풍경은 엄청났다. 탁 트여서 들판이 끝없이 펼쳐져 있었다. 베이스캠프에 텐트를 설치하고 카고백의 짐을 정리하는 데 3시간이나 걸렸다. 몸은 지쳐서 힘들었지만 아름다운 풍경 덕에 힘이 났다. 말로만 듣던 유르트도 있고, 계곡도 보이고, 예쁜 꽃들도 활짝 피어 있었다. 여유 넘치는 이런 곳에서 유유자적 있으면 정말 행복할 거 같았다. 앞으로 얼마나 더 많은 게 있을까. 우리의 14일이 기대되었다.

Day 5 고산을 마주하고 너무 작아진 나...

시로타 유르트 캠프 ~ 알라쿨 캠프 / 2.0km

채지용

전날부터 컨디션이 좋지 않았다. 시로타 유르트 캠프에 올라온 이후 몸살감기와 고산병이 겹쳐서 상태가 더 나빠졌다. 늦잠을 잤다. 7시 기상이지만, 7시 30분에 눈이 떠졌다. 밥을 먹을 때도 정신이 없었다. 밥이 코로 들어가는지, 입으로 들어가는지 기억이 나질 않는다. 과연 산행을 제대로 할 수나 있을지 걱정이 가득했다. 머리도 아프고 어지러웠고, 무기력했다. 9시 30분까지 텐트 철수와 짐 정리할 때도 제대로 참여하지 못할 정도였다.

알라쿨 호수를 오르는 길에 2시간쯤 걷고 나는 완전히 퍼졌다. 숨이 너무

차올라 한 걸음 내딛기가 벅찼다. 3,500m 고도를 오르는 길은 너무 벅찼다. 과연 올라갈 수 있을지 의문이 들었다. 국내에서 고도 600m 올리는 것은 이렇게 힘들지 않았는데 고산은 고산이다. 올라가는 길에 있는 웅장한 계곡 아래에서 다들 사진을 찍으며 쉬는데 나는 서 있을 기력조차 없어 매트를 깔고 잠깐이나마 누웠다. 그런 모습을 보고 다들 걱정을 많이 한 듯하다. 앞에서 걷는 대장님이 산행을 지도해 주셨고, 뒤에 있는 기윤 누나는 갈 수 있다고 응원해 줬다. 덕분에 흐트러진 정신을 간신히 부여잡고 걸을 수 있었다. 소중한 이들과 함께할 수 있음에 진심으로 감사했다.

1시 반쯤 호수 부근 야영지에 도착해서는 더 이상 움직일 수가 없었다. 가슴이 아플 정도로 심장이 빨리 뛰었고, 몸에 열이 나서 뜨겁다가 오한이 찾아오기도 했다. 너무 아파서 텐트 설치와 식사 준비에 참여하지 못해 마

음이 쓰였다. 대장님과 대원들이 저녁 식사로 준비한 소고기 수육과 냉면이 너무 맛있었지만, 미안해서 맛을 제대로 즐길 수 없었다. 회의 시간 대화 주제는 '희생'이었다. 과연 나는 우리 팀을 위해 희생을 하는 걸까, 이런 상황에서 무엇을 해야 할까, 고민이 많이 되었다. 하루빨리 힘을 내서 고산병을 극복하고 싶었다. '내일은 꼭 힘을 내보자!' 마음을 다잡으며 잠이 들었다.

Day 6 과한 배려는 나를 더 힘들게 만든다

알라쿨 캠프 ~ 무명봉(3,920m) ~ 알라쿨 캠프 / 4.7km

장혜지

알라쿨 호수 2일 차. 아침 8시 전부터 분주한 오늘은 명현이의 23번째 생일이다. 지도위원님께서 전날 불려 놓은 미역을 볶아 고소한 미역국을 만드셨고, 나는 아껴둔 행동식을 꺼내 작은 케이크를 만들었다. 이미 반쯤 눈치챈 명현이는 머쓱한 웃음을 보이며 초를 불었고 그 모습이 참 부러웠다. 고산에서의 생일이라니, 인생에 다시없을 순간임이 그저 부러웠던 것 같다. 덕분에 제일 좋아하는 미역국을 든든히 먹고 하루를 시작했다.

마침 물에 가까운 곳에 있는 다른 사람들의 텐트 사이트가 철수되었다.

아침에 계획된 운행을 미루고, 다 같이 텐트 사이트를 이동했다. 아침 9시부터 무거운 짐을 나르기는 쉽지 않았다. 고산병 증세가 있는 대원들이 많아 천천히 해야 했다. 예상보다 길게 1시간 반이나 시간이 걸렸지만, 몸을 여유 있게 움직이니 할 수 있었다. 또, 옮기고 나니 생활이 한층 편해진 듯하여 마음이 좋았다.

텐트 사이트 이동 때문에 점심을 먹고 오후 1시 반이 되어서야 산행을 시작했다. 속도가 나질 않아 후발대로 천천히 올라갔다. 중간에 쉴 때마다 선발대 대원들이 비타민도 주고 행동식도 챙겨주었다. 본인들 먹기에도 부족할 텐데 물 한 모금 마시라며 수통을 들이민다.

풍경 감상할 틈도 없이 헉헉대고 있는데, 대원들이 뒤를 돌아보라 하여 웅장한 설산을 멍하니 바라봤다. 3,000m 중반을 넘어섰음에도 고작 저

Korea Youth
Expediti

정도의 눈만이 남아있다니, 꽤 충격적이었다. 얼마나 기온이 상승했으면 저럴까. 4년 전만 해도 해발 3,000m쯤 도착하면 설산을 꽤 볼 수 있었는데……. 마음이 좋지 않았다. 가쁜 숨을 내쉬며 2시간 만에 무명봉 3,927m에 도착했다. 거센 바람이 불어 춥지만, 날씨는 정말 좋았다. 건너편 빙하와 알라쿨 호수는 그야말로 황홀한 조합이었다. 고소를 뚫고 온 대원들과 함께 무명봉에서 프로필 사진을 담았다. 이땐 몰랐다. 이후로 내가 엄청나게 아플 줄.

저녁 식사로 생선찌개를 먹었다. 다른 대원들은 비리다고 못 먹겠다고 했지만, 정성껏 만들어준 대원을 생각해 오버하면서 먹다가 크게 체하고 말았다. 부대장으로서 약한 모습을 보여주기가 싫어 웃으며 괜찮다고 했지만 내내 위통과 두통에 시달리다 결국 고산병이 찾아왔다. 상대방을 생각하는 것도 좋지만 자기 몸은 자신이 챙겨야 하는 것이다. 자신이 괜찮아야 다른 대원을 챙길 수 있고, 그래야 짐이 되지 않는다. 하지만 나는 대원들에게 짐이 되고 말았다. 이미 동식이, 지용이가 운행을 마치고 컨디션이 안 좋아 걱정이 되었는데, 부대장인 나까지 이러다니, 후회와 걱정이 가득한 밤을 보냈다.

Day 7 내 마음 속에도 거센 바람이 불었다

알라쿨 캠프

황동식

전날 텐트를 칠 때 바닥공사를 대충 한 것이 허리와 목을 아프게 만들었다. 8시에 힘겹게 일어나 침낭을 정리하고, 식당 텐트로 이동하려 했다. 그러나 침낭 안이 따뜻하고 포근하여 늦잠을 잤다. 그래서 아침 당번인 기윤이 누나와 윤송이를 도와주지 못해 미안했다. 6시 반부터 식사를 준비했기에 더욱 마음에 걸렸다. 겨우 텐트에서 나와 아침을 먹는데 대장님을 비롯해 대원들의 상태가 많이 안 좋아 보였다. 감기도 걸리고 고소도 온 듯했다. 몸이 아파서 그런지 다들 잘 먹질 못했다. 식량 담당으로서 속상하고 미안

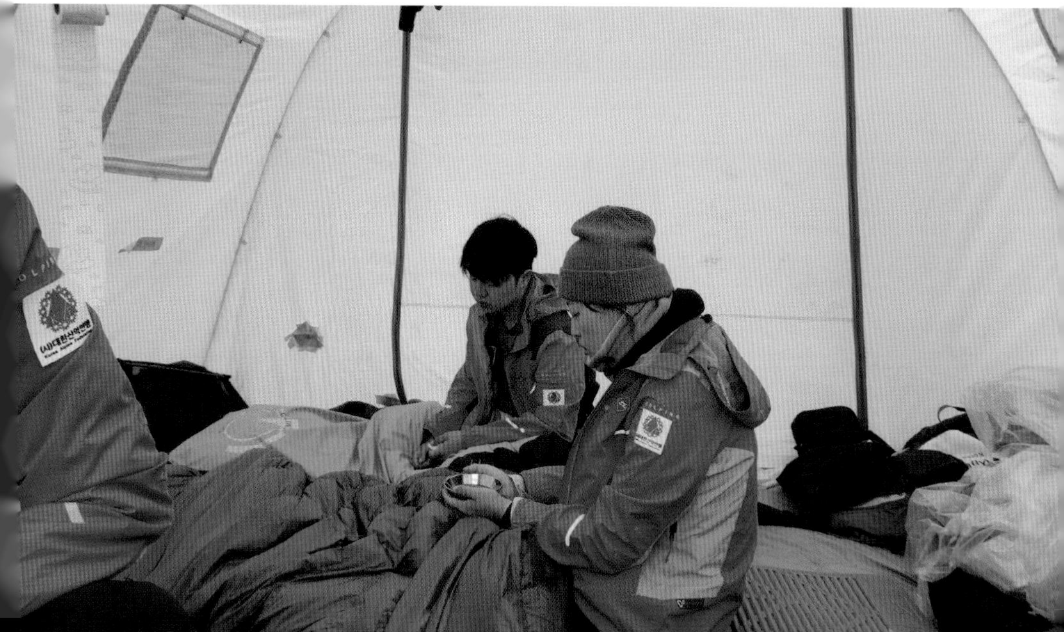

했다. 이런 경우까지 생각했어야 했는데 하는 후회가 있었다. 우리 대원들 입으로 들어가는 것은 감기약과 따뜻한 차뿐이다. 결국 아침 식사는 꿀물로 마무리되었다.

식사를 마치고 9시부터 장비 점검을 했다. 다들 아플 때 운행을 안 해서 천만다행이다. 필요한 식량을 파악하고, 혹여나 빠진 장비가 없는지 확인했다. 필요한 물품은 위성 전화를 이용해 지원을 요청했다. 따뜻한 오후 1시에는 다 같이 빨래도 했다. 땀이 한가득 묻었던 옷을 빨았더니 마음도 한결 가벼워졌다. 할 일들을 마치고 무엇을 하면서 시간을 보낼까, 뭘 하면 재미있을까? 이 생각을 하면서 시간을 보냈다. 우리의 장난감이라고는 지용이가 가지고 있는 카드뿐이었다. 카드를 잘 몰라 대장님께 원 카드를 배워 게임을 시작했다. 고소증세로 쉬고 있는 지용이가 시끄러운 소리에 일어나서 제대로 된 룰을 알려주고, 정신이 들었는지 같이 게임을 시작했다. 조용했던 텐트에서 우리는 카드 하나에 하하 호호 하나둘씩 웃다 보니 금방 점심시간이 다가왔다. 오늘 점심은 닭백숙이다. 여기서 산 닭은 손질이 하나도 안 되어 있어서 손질해야 한다. 닭을 키워보기는 했는데 직접 손질을 해 본 경험이 없어서 당황했는데 대장님의 도움으로 손질을 마치고 닭백숙을 할 수 있었다.

저녁 8시쯤 바람이 불더니 갑자기 비가 쏟아졌다. 폭우가 쏟아져 곧바로 텐트를 정리했다. 돌로 텐트를 고정하고, 내부를 정비했다. 고산의 날씨는 예측불허하다. 언제 쏟아질지 모르니 앞으로는 방비를 확실히 해야겠다 싶었다. 바람에 식량 텐트가 날아갈 것 같아 겁도 났다. 잠시의 소란 이후 회의를 진행했는데, 대화 주제는 '진로'였다. 여유로운 하루라 그런지 안 그래도 생각이 많았었다. 산에 있으면 마음이 편하지만, 언젠가는 내려가 치열한 현실을 살아야 한다. 대원들의 다양한 이야기를 듣다 보니 머릿속에 생각이 가득해졌다. 내 마음속에도 거센 바람이 불었다.

Day 8 계획이 틀어져도 다시

알라쿨 호수 빙하지역 탐사 / 12km

김수한

내 몸은 고소와는 거리가 먼 듯하다. 산에 들어온 지 4일째이고, 이틀만에 고도 1,500m를 올렸는데 고산증세가 없다. 고산에 빠르게 적응한 것일까? 몸이 너무나 신기했다. 아침 식사를 하고 9시 30분 출발하여 빙하 탐사에 나섰다.

알라쿨 호수를 따라 걸으니 빙하가 보이기 시작했다. 대장님은 빙하까지 거리가 가깝다고 판단하신 것 같지만, 나에게는 멀게만 느껴졌다. 가파른 오르막도 오르고, 날카로운 바윗길도 넘고, 텔레비전에서만 보던 끝없는

초원을 한없이 걸었다.

중간에 점심 식사도 하고 산행을 시작한 지 5시간 만에 빙하에 도착했다. 광활한 초원을 지나 빙하에 도착하니 생각보다 춥진 않았다. 지구 온난화가 심해진 이유일까? 빙하도 녹고 있었고, 몇 년 뒤면 눈앞에 생생했던 빙하가 녹아 없어질 거 같았다. 그럼에도 새하얀 빙하는 아름다웠다. 빙하가 녹아 물이 졸졸 흐르고 있었고, 나는 그 물을 수통에 담아 마셨다. 말로 표현 못 할 정도로 시원했고, 바위물처럼 청량했다. 그 즐거움에 피곤도 다 잊은 듯하다. 지금도 다시 가고 싶어질 정도이다.

빙하에서 내려와 베이스캠프까지 가파른 내리막을 내려가고, 위험한 바윗길을 다시 건너 또 한참을 걸었다. 배도 고프고 날씨도 갑작스레 변했다. 구름이 하늘을 뒤덮고 비가 한 방울 한 방울 떨어지기 시작했다. 다행히 비

는 더 이상 내리지 않았다. 돌아와 확인해 보니 이동한 거리가 12km가 넘었다. 베이스캠프에 저녁 6시가 넘어서야 도착할 수 있었다. 너무나 힘들었지만 그만큼 행복했다. 빙하에서 대원들과 잊지 못할 소중한 추억을 남겼다. 빙하는 영원히 가슴에 남아있을 듯하다.

베이스캠프에 도착하니 어제 요청한 식량과 장비가 올라와 있었다. 다들 기쁜 마음으로 확인했는데, 소통에 문제가 있었는지 착오가 있었다. 아래에 있는 짐 중 일부만 올라와야 하는데, 2차 보급으로 와야 할 카고백이 전부 와버렸다. 다들 깜짝 놀라고, 속상했지만 어쩔 수 없었다. 장비도 많아 지친 몸을 이끌고 30분 동안 점검해야 했다. 이런저런 것들이 꼬여 9시에 저녁 식사를 마치고 현세 형은 산악가이드 달란과 추후 일정을 다시 협의했다. 남은 일정을 잘 마칠 수 있을지 조금 걱정이 되었다.

Day 9 웃을 수 있던 이유

알라쿨 호수 주변 탐사

황동식

새벽 내내 비가 오고 기온이 낮았지만, 형세 형과 넓은 식당 텐트에서 편하게 자서 상쾌하게 일어났다. 일어나자마자 현세 형과 아침 식사 준비를 위해 물을 뜨러 400m 떨어진 곳까지 수낭과 수통을 들고 갔다. 고소가 온 듯 머리가 아팠지만, 녹차를 한잔 마시고 나니 괜찮았다. 물을 떠 오니 윤솔이가 설거지하고 있었다. 일찍 일어나서 아침 준비를 도와주면 정말 고맙다. 사소한 배려와 존중이 하루를 행복하게 만들어준다.

식사를 마치고 9시부터 다음 날 아침에 가지고 내려갈 카고백 3개를 정

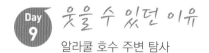

비했다. 올라오기 전 수도 없이 했던 짐 정리, 여기 알라쿨 호수 옆에서 다시 하고 있다. 이번에는 그래도 양이 많지 않았고, 여러 대원이 도와줘서 재미있고 편하게 정리할 수 있었다. 짐 정리를 마치고 산행에 나섰다. 2시간 정도의 간단한 산행이라고 하는데, 짧은 산행조차 힘든 하루다. 왜 발이 안 떨어질까……. 가만히 있고 싶은 날인 듯하다. 그래도 지용이랑 실없는 얘기를 하며 웃다 보니 어느새 목적지에 도착해있었다.

악사이 캠프 아래 꽃밭에서 2023년 오지 탐사대 응원 영상과 해단식에 사용할 영상을 찍었다. 배경이 정말 아름다워서 영상도 예쁘게 잘 나왔다. 어제 운행할 때 꽃밭을 봐두기 정말 잘한 듯싶다. 2023년 오지 탐사대 모든 대원이 우리 영상을 보고 힘이 났으면 좋겠다는 생각이 들었다.

우리는 고산병도 극복했고, 컨디션이 좋아 머리도 감을 수 있었다. 머리

안에는 비듬을 비롯한 이물질들이 많았는데 시원하게 씻겨나갔다. 세상을 다 가진 듯한 행복을 느꼈고, 이후 라면을 끓여 먹었을 때는 우주를 내 품에 안은 느낌이었다.

3시간에 가까운 시간 동안 여유를 부리다가 2시 반에 빗방울이 하나둘 떨어지기 시작할 무렵 베이스캠프를 향해 출발했다. 비는 우박으로 변했고, 기온은 9도까지 떨어졌다. 길은 미끄럽고 손은 시려왔다. 장갑을 챙길 것을……. 비니도……. 아주 후회스러웠다. 한번 추워지니 몸이 회복이 안 됐다.

식량 텐트에 옹기종기 모여 대화하며 시간을 보냈다. 저녁 식사 때는 맛있는 돼지고기볶음도 먹었다. 하지만, 여전히 컨디션이 회복되지 않았다. 다음날 아프지 않길 기도하며 잠이 들었다.

Day 10 다시 만나, 알라쿨 호수!

알라쿨 캠프 ~ 시로타 유르트 캠프/2.0km

엄윤솔

5일간 지낸 정든 알라쿨 캠프에서 시로타 유르트 캠프로 내려가는 날이다. 며칠간 날씨가 좋지 않았는데, 아니나 다를까 오늘도 안개가 가득 껴 있다. 3시간 정도를 할애하여 짐을 정리하고, 떠날 준비를 했다. 막상 짐을 보니, 이 많은 양의 짐을 가지고 내려가는 것이 가능할까 하는 생각이 들었다. 패킹하는데 날씨는 점점 더 안 좋아지고, 비까지 내렸다. 우중 훈련을 한 번도 안 해봤기에 적절히 대처하지 못했다. 텐트 내부를 정리한 이후 출발 직전에 텐트를 철거해야 하는데, 텐트를 일찍 철거해서 대장님께 꾸중을 들

었다. 이래서 경험이 중요한가 보다.

2시에 포터 3명과 함께 출발했다. 오빠들 배낭이 무거워 보인다. 배낭은 레인 커버를 씌울 수 없을 정도로 컸다. 그런 모습을 보고 미안하고 고마운 마음에 나도 배낭에 짐을 열심히 넣었다. 배낭은 어느덧 25kg이 넘었다. 출발하려는데 비가 내린다. 3,500m 높이의 알라쿨 호수에서 맞는 우박은 꽤 아팠다. 탐사대는 선발대, 중반, 후발대로 나뉘어 내려갔다. 대장님과 명현 오빠와 함께 선발대로 내려갔다. 대장님 발만 보며 움직였다. 혹시나 놓치면 쳐질까 봐, 길을 잃을까 봐 무섭기도 해서 악착같이 따라다녔다. 힐끔 뒤를 돌아본 대장님이 '오~지구력 좋은데~?' 라고 말씀해주셨다. 왠지 모르게 성장한 것 같아 뿌듯했다. 그리고 그 말에 힘을 내 열심히 내려갔다.

어느덧 시로타 유르트 캠프에 도착했다. 도착 후 5분 정도 휴식을 취한

이후, 배낭을 비우고 후발대를 도와주러 왔던 길을 되돌아갔다. 무릎도 아프고, 어깨도 아프고, 허리도 아프고 쉬고 싶은 마음이 굴뚝같았다. 하지만 아직도 힘들게 내려오고 있을 팀원들을 생각하니 빨리 올라가야만 할 것 같았다. 모두가 안전하게 다치지 않고 2시간 만에 도착했다. 처음 매본 무거운 배낭에 다들 지칠 만도 하지만 아무도 힘든 내색하지 않고 자기 일을 하는 모습에 가족이 된 것만 같아 행복했다. 회의 시간에 가이드 클림씨와 문화교류 활동을 논의했다. 부족한 정보가 있어 요청해야 했다. 더 즐거운 문화교류 시간을 만들기 위해 토의를 하다가 뿌듯하게 잠이 들었다.

Day 11 떨어져 있어도 한 팀

시로타 유르트캠프 ~ 테미토르 / 8.2km

조현세

대장님과 체력 좋은 명현이랑 마지막에 오를 봉우리 사전답사를 가는 날이다. 대원들은 우리가 고생한다며 아침 8시부터 바쁘게 움직였고, 식사도 김치볶음밥으로 바꾸어주었다. 이렇게까지 하는 대원들을 보며 사전답사에 성과가 있기를 빌며 9시에 답사를 떠났다.

처음부터 산악가이드가 길을 잃어 힘을 많이 소모하였다. 명현이와 대장님은 가이드가 계속 길을 못 찾아서 크게 실망했다. 하지만 꼭 필요한 사전답사기에 계속 전진하였다. 너덜지대를 올라가다 보니 돌이 많이 흔들리고 낙석까지 있었다. 힘든 길을 끝까지 가보니 풍경은 정말 멋졌다. 설산과 빙하로 둘러싸여 있고 반대쪽 풍경은 또 다른 계곡이 보였다. 그곳에서 지도

와 GPS를 확인하여 우리가 최종적으로 어디로 가야 하는지 고민하다 내려왔다. 내려오면서 이 너덜지대를 대원들이 과연 올라올 수 있을까 걱정이 되었지만, 우리는 할 수 있다고 믿으며 내려갔다.

오후 4시 반에 다시 베이스캠프로 돌아왔을 때 남아있는 대원들이 우리를 반겨주었다. 감사 인사를 하고 싶었지만, 너덜지대를 계속 걸은 탓에 무릎이 매우 아파 바로 스포츠 젤을 발랐다. 지금 생각해 보니 반겨준 대원들에게 너무 미안했다. 우리가 바쁘게 걷는 동안 잔류 대원들은 문화교류와 보고서, 식사 준비를 했다고 들었다. 모두가 서로를 위해 열심히 일하는 알마토……. 지금 많이 늦었지만 이야기해 본다. 맞이해줘서 고맙다!

내일은 이 길을 다 같이 올라가 보려고 한다. 마침 회의의 대화 주제도 '행운'이었다. 어려운 길이지만, 다들 다치지 않고 완주하는 행운이 있기를 바라며 잠을 청했다.

Day 12 에델바이스가 쏘아올린 사우나

시로타 유르트 캠프 ~ 너덜지대 훈련/2.0km

김명현

현세 형과 대장님이 사전답사를 했던 코스 중 에델바이스가 뭉텅이로 핀 곳이 있었는데, 그곳을 가기로 했다. 아침을 든든히 먹고 10시부터 산행을 시작했다. 행복한 마음으로 올라가고 싶었지만, 로프를 챙겨 넣으니 배낭이 무거워 마음도 무거워진 것 같다. 무겁게 지고 간만큼 사용하길 바랐는데, 사용하지 못해서 아쉬웠다.

에델바이스까지 길이 안 좋아 1.5km의 짧은 거리를 2시간 30분 동안 걸었다. 고도 3,750m 중간지점에서 조금 더 올랐다 돌아오는데 미끄러운 돌쪽으로 내려오다가 착지를 잘못해서 발목이 살짝 꺾였다. 다행히 대장님이 테이핑해주시어 걸을 만했다. 이제 몸도 조금 아껴야겠다. 그동안 물도 계

속 떠오고, 배낭 무게도 많이 메다 보니까 피로가 쌓여 있었나 보다.

천천히 하산해서 오후 3시쯤 시로타 캠프로 복귀했다. 캠프에 사우나가 있었는데 수한이가 가격을 알아 왔다. 하여튼 신기한 동생이다. 곧바로 다 같이 사우나를 즐겼다. 우리나라 습식 사우나랑 비슷했다. 남자 여섯이서 팬티만 입고 한 시간 동안 '어으 좋다' 이러며 앉아 있은 모습이 웃기기도 하고 가족 같았다. 사우나를 즐기는 편이 아니었는데 몸이 시원한 느낌이 드니까 신기하기도 하고 개운했다.

저녁은 수한이가 팬티 차림으로 만든 파스타였다. 다들 사우나를 하고 와서 그런지 정상적으로 보이기 시작했다. 산에서 가장 깨끗한 상태로 먹은 밥이라 더욱 맛있게 느껴졌다. 저녁을 먹고, 7시부터 포터 아지와 함께 대형 캠프파이어를 만들 준비를 했다. 신나서 동식이랑 같이 나무를 날라 한 시간 동안 캠프파이어를 했다. 불을 피워두고 텐트에서 내일 탐사를 위한 회의를 했다. 이제 마지막 봉우리 하나만 남았다.

불은 언젠가 꺼진다. 우리 마음속 불도 꺼질까? 내 마음속 불은 켜지려고 한다. 체력이 떨어지거나, 고소가 오는 일들이 있었는데도 다들 포기하지 않고 와준 게 대단하다. 마지막 탐사를 잘 마무리해서 다들 마음속 불씨에 불이 더 활활 탈 수 있으면 좋겠다.

Day 13 우리는 좀 더 유연해 질 필요가 있다

시로타 유르트 캠프(우천으로 휴식일)

장혜지

우리의 최종 목적지로 출발하는 날이다. 전날 뜨거웠던 햇빛은 어디로 갔는지 온종일 속수무책 비가 내리고 바람이 분다. 분명 아침 9시에 출발하기로 했는데……. 무심한 날씨는 우리의 발목을 잡고 있다. 결국 운행 일정을 변경하기로 했다. 예비 일이 된 오늘, 장비 점검 및 컨디션 체크를 하며 체력을 보충했다. 내일 있을 운행에 차질이 생겨서는 안 된다. 컨디션이 좋지 않아 감기약과 항생제를 먹고 잠을 청했다. 고산에서의 수면은 일상 속 수면과 동일하게 생각하면 안 된다. 잠자리가 다르니, 목도 허리도 꽤 뻐근

하고, 아무리 깊이 잔다고 해도 개운한 느낌은 없었다. 그래도 짧은 단잠은 예외였다. 단잠은 달콤했고 몸이 한결 가벼워진 느낌이었다. 꽉 막힌 코가 뚫린 느낌이랄까……. 너무나 좋았다.

점심을 먹고, 다 같이 멸치 손질까지 했다. 옹기종기 모여앉아 멸치 머리와 내장을 따는데, 그 모습에 픽 웃음이 나왔다.

2시부터 다시 개인 장비를 꾸렸다. 안전벨트, 잠금 카라비너, 확보줄, 하강기, 어센더, 헬멧 등을 다시 확인했다. 여기서 실수가 있었다. 부대장으로서 공용장비 리스트를 체크하고, 작동이 안되는 장비를 확인해야 했는데 내 장비만 확인하고 공동 장비 상태에 무심했다. 그로 인해 각 파트 역할을 맡은 친구들이 힘들어했다. 역할별로 준비하는 건 맞지만 또 한 번의 확인을 함으로써 최종 목표를 달성하기 위해 확실하게 준비해야 했다.

목표를 앞두고 예기치 못한 상황으로 인해 변수가 생겼지만 이에 맞춰 유연하게 대처하고 미흡한 부분을 보안 및 정리했으면 어땠을까? 자신의 안전도 중요하지만, 대원들의 안전도 중요하다. 무책임한 행동을 하고자 한 것은 아니지만 부대장의 역할을 못한 것 같아 내내 아쉬움이 컸다.

Day 14 노력이 빛을 발할 때

시로타 유르트 캠프 ~ 전진캠프 / 2.0km

김수한

마침내 마지막 봉우리로 향하는 날이다. 이전에 구체적인 계획을 들었기에 마음의 준비는 되어 있다. 아침을 먹고 패킹하는 내내 분위기는 무거웠다. 오랜 기간 산행을 지속해 와서 다들 지쳐 있었고, 쉽지 않은 최종 목적지를 향하는 길이기에 다들 예민해 보인다. 원래 9시 출발인데 패킹이 지연되다 보니 분위기는 점점 차가워졌다. 내내 걱정이 됐다. 그간 큰 문제 없이 잘해온 우리 알마토 이기에, 마지막까지 유종의 미를 거둘 수 있기를 간절히 바랐다.

결국, 계획보다 늦은 9시 20분에 포터 3명과 출발했다. 비가 내려서 하루 쉬었지만, 짐 무게가 무거워 마음에 부담이 컸다. 20kg이 넘는 배낭, 포터가 지는 17kg의 짐보다 무거운 무게였다. 끝없는 오르막을 올라야 함을 이미 중간까지 다녀왔기에 알고 있다. 오르는 내내 힘에 부쳤다. 너무 괴로웠다. 그러나 가야만 했다. 모두가 지칠 만큼 지쳤다. 나보다 무거운 배낭을 멘 대원이 다수였다. 후발대에서 동식이 형의 도움을 받으며 천천히 올라갔다. 3.45km 짧은 거리와 3,570m 고도를 이미 경험했었지만, 너덜지대와 무거운 짐 때문에 몹시 피곤했다.

1시에 텐트 사이트에 도착했지만, 끝이 아니었다. 먼저 올라온 대원들은 평탄화 작업과 텐트 설치를 하고 있었다. 사이트를 구축하고 전투식량으로 주린 배를 채웠다. 대장님께서는 이왕 이렇게 된 것, 봉우리까지 올라가자

고 하셨지만, 비가올 듯한 날씨라 텐트에서 대기를 했다. 예상대로 비가 내리기 시작했다. 잠깐 비가 그친 사이에 물을 뜨러 다 같이 갔다. 늘 일부만 갔지만 거리가 워낙 멀고 고도 3,700m까지 올라가야 했기에 함께 이동했다. 다들 지쳐 천천히 사진을 찍으며 이동하니 물 떠오는데 1시간이 넘게 걸렸다.

산에서의 생활이 쉽지 않다. 온종일 힘들게 올라왔지만, 이제야 시작이다. 물 뜨기도 힘들고, 밥하는 것도 이제는 버겁고, 설거지도 쉽지 않다. 괴로움이 상상을 초월하기 시작한 듯하다. 그간의 훈련, 그리고 지금의 생활 중 허투루 쓰이는 것은 없었다. 회의 시간에 '나에게 산이란 무엇인지?'에 대하여 의견을 나눴다. 아직 산에 올라가는 이유에 대한 답을 찾지 못했다. 그렇기에, 마지막 목적지를 향해 오르며 답을 찾고자 한다. 가장 먼저 알마토 팀 응원가를 부르려고 마음을 굳게 먹었다. 이곳의 밤하늘에는 별이 의외로 적다. 그러나 괜찮다. 별이 없더라도 우리는 우리만의 분위기를 갖고 있다. 다음날 산행을 무사히 마치고 하산하여 쉴 수 있기를 소망하며 밤을 보냈다.

Day 15 우리의 최종 목적지로!

테미토르(4,013m) 등정 ~ 시로타 유르트 캠프 / 8.2km

엄윤솔

최종 목적지에 도전하는 아침이 밝았다. 7시에 일어나 수프로 간단하게 허기를 달랬다. 등정 이후 시로타 유르트 캠프까지 하산하는 것이 목표였기에 아침 8시에 바로 운행을 시작했다. 안전벨트와 헬멧을 착용하고 최종 목적지로 향했다.

낙석이 떨어지는 끝없는 너덜지대를 지나고, 경사가 가팔라 올라가기 힘든 구간에선 어센딩을 이용해 올랐다. 능선까지 오르막은 길지 않았지만, 2시간 반이라는 긴 시간이 걸렸다. 우리팀은 안자일넨 시스템으로 칼날 능

선을 지났다. 위태롭고 아슬아슬한 능선을 통과하고, 11시 50분, 마침내 우리의 마지막 봉우리에 올랐다. 그곳에서 바라보는 멀리 있는 설산의 무리는 참으로 아름다웠다. 아, 우리는 이걸 위해 올랐구나. 등산의 답을 찾을 수 있었다.

천천히 하산을 시작했다. 국내에서 암벽등반 교육을 받을 때 종종 고민이 있었다. '이런 훈련을 왜 해야 할까?', '무슨 필요가 있나?'라는 의문을 가졌었다. 그러다 보니 중간중간에 집중하지 않았던 것 같다. 그랬던 티가 나버렸다. 하강기를 이용해서 하강할 때 방법이 기억나지 않았고, 정말 위험한 상황이 생길 뻔했다. 아니, 엄청 위험했다. 하강할 때 하강기에서 로프 유통이 잘 되지 않아 반동을 주며 하강했다. 그 반동에 로프를 고정했던 피켈이 빠져 머리 위로 날아올 뻔했다. 만약 피켈이 빠졌다면? 상상만 해도

끔찍하고 위험한 상황이었다. 마지막까지 절대 방심해서는 안 된다.

날씨가 급속도로 안 좋아져서 선발대, 후발대로 나누어 하산했다. 선발대는 3시쯤 텐트에 도착했다. 포터와 약속했던 시간보다 2시간이나 늦었고, 날씨도 안 좋았다. 우린 판단을 잘못해서 포터를 빈 몸으로 내려보냈다. 다행히 후발대에서 하산하는 포터를 발견하고 로프를 맡겼다. 하지만, 더 가볍게 갈 수 있었기에 대원들에게 미안했다. 다들 점심을 못 먹어 4시에 늦은 점심을 먹고, 곧바로 하산했다. 비가 그쳐 내려갈 수 있었다. 전날 보다 훨씬 가벼운 배낭이지만 오랜 운행을 했던 탓에 다리에 힘이 풀려 위험천만한 일이 자주 생겼다. 혹여나 발목이 꺾일까 봐 무섭기도 했다. 아무 일 없이 무탈하게 2시간 만에 하산을 마쳤다.

베이스캠프는 축제 분위기다. 맛있는 김치전과 짜파게티를 먹고, 다들

얼굴에 웃음이 가득하다. 회의 시간에 가족들의 응원 영상을 봤다. 힘든 일정을 마친 탓인지 먼 한국에 있는 가족들의 얼굴을 보고, 따스한 말을 들으니 나도 모르게 눈가가 촉촉해졌다. 어서 귀국하여 가족들 품에 안기고 싶었다. 바람도 공기도 평소보다 조금 더 따스한 밤이었다.

Day 16

우리는 하나였을까?

시로타 유르트 캠프 ~ 아유 토 라이스 캠프 / 5.85km

김명현

이날만을 기다렸다. 아유 토 라이스 캠프로 내려가는 날이다. 8시 30분에 아침 식사를 하고 짐을 패킹했다. 포터들에게 텐트를 맡길지 아니면 우리가 텐트를 멜지 고민이 되었다. 내려가는데 거리도 짧고 길도 좋아서 조금 무겁더라도, 텐트를 메고 부피가 큰 동계 짐을 포터에게 주자고 했다. 그런데 다른 대원이 텐트를 포터에게 주자는 의견을 말했다.

'무거운 게 그렇게 메기 싫은가?'

사실 무게 차이는 거의 없었는데 그걸 알고 의견을 말했을까. 순간 수송

담당의 본분을 잊어버렸다. 많이 지쳐서 나도 모르게 그냥 흘러가는 대로 수송 업무를 방치했다. 대장님께 주의받았다. 담당이 끌려다니면 어쩌냐고 하셨다. 설득하기가 힘들어서 포기한 것 같다.

남들보다 더 들고자 하는 마음에 40kg을 들었다. 공동 짐은 아무도 들고 싶어 하지 않는 것 같아 추가로 10kg을 더 들었다. 배낭은 그러려니 했는데 카고백을 손에 들고 내려가니 힘이 들어 윤솔이에게 먼저 내려가라고 했다. 이런저런 고민을 했다. 이 상황이 맞는지, 왜 이 무게를 들고 내려가고 있는지 생각하다 보니 머릿속이 하얘졌다. 이날 대원들에게 실망한 듯하다.

한 시간 만에 짐을 아유 토 라이스 캠프에 내려두고 눈을 뜨니 다시 올라가고 있는 내 모습이 보였다. 마지막 기윤 누나의 배낭을 대신 메고 내려오면서도 생각이 많았다. 모든 대원이 내려오고 나서 동식이와 카고백 정리하다 피곤해서 낮잠을 잠시 자고 났는데 그 생각들을 다 까먹어버렸다. 난 역시 단순하다. 점심을 먹고, 3시부터 세 시간가량 베이스캠프 주변 탐사를 다녀왔다. 평평한 길과 편안한 바닥, 오랜만이라 아주 반가웠다.

오늘 회의 주제는 '나에게 오지탐사대란?'이었다. 많은 대원이 이야기하며 눈물을 흘렸다. 사실 회의 때 실망한 것을 말하려고 했는데, 다들 속에 미안한 마음이 있는 것을 깨달았다. 모두가 서로에게 미안해하고, 감사해하고 있었다. 아마 우리의 소통이 그간 부족했나 보다. 끝나고 마음이 따뜻해졌다. 다들 고생도 많았고, 속이 타는 날도 많았다. 이제 부정적인 생각들은 이곳에 묻고 돌아갈 수 있으면 좋겠다. '알마토'라는 별이 조금 더 빛나 보인다.

Day 17 산과 들, 그리고 안녕

아유 토 라이스 캠프 ~ 카라콜국립공원 ~ 카라콜 마을 / 9.5km

김수한

산행을 마무리하고, 도시로 돌아가는 날이다. 다 같이 6시에 일어나 아침을 함께 보내기로 약속한다. 눈을 뜨자마자 짐 정리부터 하고 다 같이 아침 식사를 준비했다. 마지막이라 그런지 모두 들떠 보였다. 대장님이 마지막으로 카라콜 지역을 둘러보자고 하셨다. 탐사 동안 많이 힘들고 지쳐서 '하루만 푹 잘 수 있었으면…….' '하루만 아무것도 안 하고 누워 있을 수 있으면…….'하고 계속 속으로 생각했었다. 맘은 그랬는데 6km를 걸어 고도 2,900m까지 올라가는 데 신기하게 몸과 맘이 전혀 지치지 않았다. 마지막

이라 그런지 오히려 산행을 더 하고 싶은 마음이 들기까지 했다.

걷고 또 걸어 너무나 어여쁜 들판에 도착했다. 들판에는 가지각색의 꽃과 시원하게 흐르는 물과 함께 눈과 말이 조화를 이루고 있었다. 마지막까지 움직인 보람이 있었다. 그간 본 수많은 풍경 중에서도 손에 꼽게 아름다운 풍경이었다. 사진을 찍고, 다 같이 큰 바위에 올라가 멍때렸다. 늘 바쁘게 움직인 산이기에 어색하기까지 한 여유였다.

산에서 내려와 바쁘게 텐트도 걷고 짐을 패킹했다. 이동 차량이 도착할 시간이 여유가 있어서 우리는 2시간 정도 걸어서 길을 내려갔다. 그러다 차를 만나서 덜컹거리는 버스를 타고 숙소로 갔다.

숙소가 가까워지니 휴대전화 알림이 계속 울린다. 2주 간 끊겼던 통신이 다시 연결되는 것이다. 친구들의 안부 문자를 확인했다. 내가 아직 세상 속

에서 잊히지 않았다고 하는 안도감까지 들었다. 저녁 식사로 양고기를 먹었다. 양고기 맛은 일품이었고, 마지막을 축하하는 분위기였다. 저녁을 다 먹고 문득 하늘을 올려다보았다. 별이 몇 없었다. 순간, 산에서의 생활이 그리워졌다. 그렇게 힘들고 지쳤음에도 산을 애정하고 있음을 느꼈다.

Day 18 키르기스스탄의 아름다운 장소들

카라콜 / 스카이캐넌, 이시쿨 호수 탐사

엄윤솔

산에서 내려온 지 하루가 지났다. 전기가 있고 이불은 침낭처럼 젖지 않아 뽀송하고, 우모복을 입고 자지 않아도 따뜻하고, 물을 뜨지 않아도 되고, 식사 준비를 하지 않아도 되고, 설거지도 하지 않아도 된다. 산에 있으면 모든 걸 우리들이 해결해야 하지만, 여기에선 많은 걸 해준다. 모든 일상 하나하나 소중하게 느껴진다.

식사 후에 보고서를 정리하다가 카라콜 주변 탐사에 나섰다. 두 시간을 달려 '중앙아시아의 그랜드캐니언'이라 불리는 스카스카 캐니언을 방문했

다. 스카스카는 러시아 말로 '꾸며낸 거짓말(skaska)'이란 뜻이다. 이름 그대로 동화 속 풍경 같은 모습을 가진 황토 협곡이다. 그런데 기대보다 작은 규모의 캐니언에 실망을 감추지 못했다. 그래도 손으로 직접 만져보고 가까이에서 볼 수 있어 소중한 경험이었다.

이식쿨 호수는 겨울에도 얼지 않는 뜨거운 호수이다. 세계에서 두 번째로 큰 산정호수라 그런지 수평선이 끝이 안 보인다. 고민 없이 물로 들어갔다. 호수의 물은 약간 짭짤하고 차갑다. 그래도 둥둥 떠 있으니 세상을 다 가진 기분이었다. 카라콜 주변 역시 아름다운 자연을 담고 있었고, 새로운 광경을 많이 볼 수 있었다.

저녁 식사 후 마트에서 장을 봤다. 이제 슬슬 현지에 적응이 되나 보다. 몇 번 오다 보니 처음 보는 물건도 무엇인지 쉽게 알 수 있게 되었다. 저녁 식사 메뉴, 샐러드, 수프, 고기도 맛있었다. 처음 왔을 때는 먹기 쉽지 않았는데 말이다. 키르기스스탄이 더 이상 멀지만은 않게 느껴진다.

Day 19 '루카 브르케'에서 만난 아름다운 눈망울

카라콜 / 제티 오구스 탐사

채지용

카라콜에서의 마지막 일정인 문화교류만 남아있는 날이다. 꽤 긴 시간 동안 키르기스스탄에 몸을 담고 있었기에 아침부터 가슴이 싱숭생숭했다. 때로는 힘들고 집이 그리웠지만 정작 마지막이 다가오니 조금 더 이곳에 머물고 싶었다. 낯설었고, 언어도 통하지 않았지만, 어느새 이곳에 정이 들었나 보다. 아침에 남들보다 조금 일찍 일어나 주변 산책을 나섰다. 작은 길거리지만, 사람들과 풍경은 카라콜 만의 아름다움을 품고 있었다. 정처 없이 걷다 문득 생각이 들었다. 이곳을 때때로 생각하고 그리워하겠구나.

전날 비가 내려서 취소했던 승마를 하러 제티 오구즈로 갔다. 워낙 넓은

곳이라 현지에서 말을 이동 수단으로 하기에 승마로 탐사를 진행하기로 했다. 가는 길에 '갈라진 심장'이라는 거대한 바위 두 개가 있었다. 오래전 마을에 살던 남녀의 사랑 이야기가 깃들어 있는 바위다. 또, 마을 중심에 있는 거대한 암석 일곱 개는 일곱 마리의 황소라는 이야기가 전해진다고 한다. 세계 어디에나 웅장하고 아름다운 자연물에는 그에 걸맞은 이야기가 있는 듯하다. 낭만적이라는 생각이 들었다. 어린 시절부터 취미로 승마를 해왔지만, 황소가 품은 이곳의 푸른 하늘 아래 말을 타는 것이 몹시 새로웠다. 끝없이 펼쳐지는 초원에서 말을 타고 달리니 이곳을 더 사랑할 수밖에 없게 되었다. 언제고 시간이 많이 지나더라도 한 번쯤 다시 돌아오겠다고 다짐했다.

문화교류는 '루카 브 르케'라는 장애인 지원 센터에서 이루어졌다. 교류 준비를 하며 잘 할 수 있을지 걱정했는데 첫 시간에 서로의 국기와 얼굴 그려주기를 하니 금세 친해져서 걱정은 금세 사라졌다. 아이들 한 명 한 명이 너무 예쁘고 천사 같다. 내 얼굴을 그리겠다고 나를 빤히 쳐다보던 아이들의 눈망울은 가슴 깊이 새겨진 듯싶다.

'무궁화꽃이 피었습니다' 놀이하는 데, 이미 유명 한국 프로그램을 보고 알고 있던 아이들이 많았다. 또박또박 '무궁화꽃이 피었습니다'라고 말하는 아이를 보니 멀리 떨어진, 서로 다른 두 나라가 연결되었다고 느껴지기도 했다.

이렇게 키르기스스탄에서 우리의 이야기는 마무리가 되었다. 회의 시간에 각자 석 달간의 사진 중 가장 마음에 와닿는 사진을 골라 이야기를 나누었다. 대원들이 고른 사진을 볼 때마다 그 순간들이 선명히 떠올랐다. 다 지나갔기에 시원할 만도 하지만 어딘가 가슴이 허전하다. 끝이 다가올수록 해방감보다는 아쉬움이 가슴에 쌓인다.

Day 20 굿바이 키르기스스탄

카라콜 ~ 알마티

진기윤

아침 6시부터 대원들은 분주하다. 키르기스스탄에서 카자흐스탄으로 국경을 통과하는 일정이어서 오전 7시까지 버스에 탑승해야 한다. 카자흐스탄으로 입국해서 처음 국경을 넘은 게 엊그제 같은데 벌써 귀국을 준비한다니. 일정이 하나씩 마무리되어 갈수록 시간이 빠르게 지나가는 거 같다. 공항에 가져갈 짐을 챙기고 아쉬움을 뒤로한 채 버스에 올랐다. 이날의 일정은 국경을 넘고, 카자흐스탄 시내 병원에서 PCR 검사를 받는 것이다. 산에서처럼 우리가 직접 계획을 짜는 게 아닌 수동적인 일정이었지만, 귀국을 위해서는 꼭 필요한 일정이었기에 긴장을 놓을 수 없었다.

버스 안에서 밀린 회계와 보고서를 정리했다. 하지만 계속 핸드폰을 보고 있자니 멀미가 날 것만 같아 힘들었다. 자고, 일어나고, 글쓰기를 반복하며 시간을 보냈다. 그렇게 하다 보니 10시에 국경에 도착했다. 국경을 보니 첫 키르기스스탄 입국 때가 떠올라 감회가 새롭다. 입국 때 만났던 마약 탐지견도 다시 보니 반가웠다. 무사히 수속을 마치고 우리는 또 한참을 달려 알마티에 도착했다.

곧바로 PCR 검사를 하러 갔다. 카자흐스탄 현지 병원은 깔끔했는데 일처리가 느려 답답했다. 심지어 진료 접수가 너무 늦어져 병원에서 진료가 불가하다는 공지를 받았다. 그래서 불가피하게 다른 병원으로 이동하여 검사를 받을 수밖에 없었다. 서두르지 않으면 귀국에 문제가 생길 수 있는 상황이어서 다들 허둥지둥했다. 행정을 담당하며 입출국 서류는 특별히 신경 썼던 부분이라 내 가슴은 철렁했다. 모든 대원이 음성 판정받았다는 메일을 받고 나서야 마음이 조금 편안해졌다.

숙소에서 마지막 짐을 정리한다. 개인 짐을 챙기고 공동 장비를 카고백에 나누어 담았다. 탐사 시작할 때는 짐 싸는 일이 너무 어려웠는데 이제는 익숙해서 우리가 '그간 정말 열심히 했구나'라는 생각이 들었다. 마지막으로 남은 중요한 업무, 보고서 작성을 새벽 3시까지 함께하고 쓰러지듯 잠이 들었다.

Day 21 우리의 경험이 삶에 녹이 되길 바라며!

알마티 ~ 인천공항

장혜지

산에서 줄곧 한국 갈 날을 바라왔다. 아무래도 산은 속세와 거리가 멀고, 일상에서 쉽게 접할 수 있는 것들이 단 하나도 없기에 익숙한 것들의 부재가 꽤 그리웠다. 그렇게 기다렸던 귀국 날인데, 8시에 눈을 뜨니 마음이 이상했다. 우리나라와 차원이 다른 이곳의 평균 고도, 당장이라도 잡힐 것 같은 선명한 달, 저 멀리 보이는 우리가 다녀온 산, 그곳에서 지지고 볶던 우리의 탐사 일정까지 벌써 그리워지는 이유는 무엇 때문인지 잠시 고민했다.

고민을 마무리할 겨를도 없이 호텔 로비에 모여서 보고서를 작성했다. 기록 담당인 지용이가 많이 피곤해 보인다. 대원들의 글을 일일이 다 읽고 피드백을 주기가 여간 쉽지 않다고 한다. 간식도 먹고, 중간중간 이런저런 얘기도 하며 즐겁게 글을 작성했다. 기윤이는 회계를, 수한이는 촬영 자료도 함께 정리했다. 체크아웃 시간인 12시가 지나고 나서 오후 3시까지 시내 카페에서 작업을 마무리했다. 다 함께 알마티 거리를 걸으며 도란도란 이야기꽃을 피우니 공항에 갈 시간이 되었다. 저녁 9시 30분에 공항에서 탑승수속을 하고, 늦은 밤 12시 10분에 비행기에 탑승했다.

기내에서 우리의 이야기를 가만히 되돌아보았다. 몸과 마음이 힘들어야 기억에 오랫동안 남는다고 한다. 어쩌면 이 말에 더 힘을 싣고 있는지도 모르겠다. 하나를 만들기 위한 지난 7주간의 고된 훈련과 하나임을 보여준 이곳에서의 20일간의 여정은 생생하다. 바위 속 공포를 딛고, 불평불만을 인내하고, 차가운 호수의 온도에 짜릿함을 느꼈던 감각을 선명히 기억하고 있다. 우리는 아마 오지에서의 경험과 기억의 녹을 먹으며 살아갈 것이다. 그동안의 숱한 변수를 회상하며 앞으로 마주하게 될 고락의 순간들을 이겨내고, 긍정의 힘을 가질 수 있으리라 믿는다. 이 바람을 담아 이곳에서의 탐사를 마무리해 본다.

우리의 도전은 끝이 아닌 지금부터 시작이다!

알마토 전진하자, 할 수 있다!

부대장으로서 탐사를 마치고...

각기 다른 가치관을 가진 사람들이 만나 하나의 목표 방향에 맞춰 화합한다는 것은 생각보다 어려웠다. 우리 팀은 서로 간의 불편한 부분이 생겼을 시 그때그때 풀고 이해하려고 노력했다. 국내 훈련부터 지금까지, 회의 시간에 진행되었던 '일깨우기, 칭찬하기' 활동은 부족한 부분과 미처 보지 못한 섬세한 부분을 확인하고, 감사했던 순간을 되새겨 깊은 정과 표현을 표출하고 나눈 시간이었다. 이를 진행했음에도 불구하고 단시간에 극복하기 어려웠던 부분도 당연히 있었다. 운행 중 서로에게 아낌없이 구호를 외치며 응원하는 부분은 고산에선 꽤 힘들었다. 고산병으로 한 걸음 내딛는 것조차 힘든 대원들은 응원받아줄 힘이 없었지만, 잠깐의 휴식 때 서로에게 감사함을 표현했던 것 같다. 몸이 힘들수록 진심이 나오기 마련이다. 우리가 유념해야 할 부분은 자기 혼자만이 힘든 것이 아니기에 협동하고 배려해야 한다는 점이다. 더 나은 팀워크를 위해 팀만의 규칙을 만들어 감정 상하지 않고 하나의 팀으로 나아갔으면 좋겠다.

협력하고 배려하여 하나가 된 알마토

대장 민현주

나는 2022 오지탐사대 대장에 선발되어 대원을 뽑는 테스트 때 '서로가 협력하고 배려하는 하나의 팀'을 생각하여 탐사에 참여하고자 하는 열정이 있는 대원들에게 점수를 후하게 주었다.

국내 훈련을 시작하면서 내 생각은 첫 번째는 대원들의 안전이고, 두 번째는 배려와 화합이었다. 국내 훈련 계획에 관해 대원들에게 권한을 주었는데 그게 대원들을 더 힘들게 만든 건 아닌 걸까? 라는 생각이 든다. 계획과 목표를 실현하는 성취도 중요하지만 스스로 컨디션을 잘 보충하고, 미흡한 부분에 움직일 줄 알았으면 하는 바람이 있어 말을 최대한 아꼈다. 그래서인지 대원들은 계획한 대로 훈련하지 않는 이유를 궁금해하였다.

내가 원하는 대원은 체력보다는 자기희생과 배려를 아는 대원이 되었으면 하는 마음에 단기간에 체력을 높이기보단 등산의 방법을 배워 안전하고 안정감 있는 산행을 하기 원했기에 모든 훈련의 진행은 체력보다는 등산 기술을 익히는 데 초점을 두었다. 컨디션이 좋지 않거나 건강상의 문제가 보이는 대원을 보며 끝까지 전진할 수가 없었고 내가 생각한 안전이 최우선 순위였기에 아쉽더라도 그 마음은 내려두고 웃으며 '여기까지 온 우리가 대단하다'라고 생각

하고자 했다. 그렇게 모두 다 잘 해내 주어 사고 없이 잘 마무리하고 떠날 수 있었다.

우리 팀은 카자흐스탄 알마티로 출국해 국경을 넘어 탐사지인 키르기스스탄 악수에 도착하여 시작부터 작은 변수들이 발생했다. 일 년 중 최고의 성수기로 인해 포터를 구하기가 힘들었고 고용비도 많이 올라 있었다. 돈을 더 주어도 포터를 구할 수가 없어 계획을 변경하고, 짐 분배도 다시 해야만 했다. 카고백도 몇 번을 풀고, 정리하고 다시 꾸렸으며, 그로 인해 대원들이 더 많은 짐을 배낭에 넣어야만 했다.

우여곡절 끝에 우리 팀은 출발했다. 첫 번째 고소 증세를 보인 황동식 대원은 코피를 흘렸지만, 지혈 후 힘차게 다시 걸었다. 채지용 대원은 고소와 감기로 인해 탐사 일정 중 반절을 힘들어했지만 절대 포기하지 않았다. 모든 대원이 힘든 고소를 버티며 서로를 돕고, 힘이 되어주었기에 잘 이겨낼 수 있었다. 계획과 목표를 하나하나 마무리할 때마다 그 모습이 참 대견했지만, 혹여 대원들이 긴장을 풀진 않을까 싶어 조금이라도 풀어지면 주의를 주었다.

우리 탐사대는 그렇게 자기 컨트롤과 서로에 대한 마음 그리고 하나의 공통 목표를 통해 노력하여 아무 사고 없이 잘 마무리되었다. 힘든 순간에 흔들릴 때도 많았겠지만 서로를 배려하고 응원하며 최선을 다해준 대원들과 함께했기에 최고의 추억이 되었다.

알마토 대원과 함께 한 도전

지도위원 이경숙

2022년 청소년 오지탐사대가 재개된다는 소식에 가슴이 두근거리면서 공고를 기다렸다. 산행할 때마다 이 나이에 과연 청소년들과 함께할 수 있을까 하는 의문을 가졌다. 오지탐사대에 내년에 도전해 볼 생각도 했지만, 기회가 있을 때 해야 한다는 신념이 강하여 지원서를 제출하여 지도위원으로 참가하게 되었다.

박달재 수련원에서의 첫 회의에 참석하여 오지탐사대에 대한 브리핑을 듣는데 내가 생각한 오지탐사대와 너무 달라 당황하였다. 회의가 끝나자마자 대구로 내려오면서 휴게소에서 오지탐사대를 인터넷 검색했다. 대원들이 직접 탐사, 텐트 치고 밥하고……. 아뿔싸 큰일 났다. 내가 갔던 안나푸르나, 에베레스트 B.C 트레킹은 말 그대로 황제 트레킹이었다.

대학산악부에서 산에 미쳤다고 할 정도로 열심히 암벽, 빙벽, 산행 등을 했지만, 결혼, 출산, 육아 등으로 많은 공백이 있었기에 걱정이 이만저만이 아니었다. 해결해야 할 일이 한 가지 또 남았다. 같이 사는 남편을 설득하는 일이다. 거의 4개월간 훈련과 탐사를 하게 되면 아무래도 가정에 소홀할 수밖에 없기 때문이다. 집에 와서 오지탐사대의 취지, 성격을 차분하게 설명하니 의외로

이번 기회에 많은 것을 배우겠다고 말해 주었다. '그전 트레킹은 돈으로 갔네'라고 하면서 흔쾌히 승낙했다. '수현이 아빠, 정말 고맙고 미안해'

SNS를 통한 원서접수 및 합격자 발표, 박달재 연수원에서의 2차 아웃도어 테스트를 통하여 최종 대원 선발을 마쳤다. 이름만 보고 여자인 줄 알았던 민현주 대장님, 추진력 및 결단력뿐 아니라 포용력까지 갖추어 오지탐사대 대장으로 적격이었다. 직장인으로 힘들면서도 훈련과 탐사에 최선을 다한 기윤이, 혜지, 묵묵히 팀을 위해 힘든 일도 마다하지 않는 명현이, 대학산악부 출신이면서 원정 경험이 많아 든든한 현세, 다방면에 탁월한 면모를 보여준 지용이, 탐사 기간 내 먹거리를 책임져준 부지런한 동식이, 운동을 정말 좋아하는 의료담당 막내 윤솔이, 록으로 팀에 활력소를 제공하는 수한이, 이렇게 알마토 팀이 탄생하였다.

광주 무등산 무박 산행을 시작으로 부산 금정산, 대둔산 암벽훈련, 북한산 13 성문 종주, 영남알프스 가지산 산행 그리고 마지막 훈련으로 지리산 천왕봉을 올랐다. 매주 훈련하여 체력이 많이 좋아졌다.

인천 문학경기장에서 1박 2일 동안 탐사대 짐 패킹을 마치고 카자흐스탄 알마티를 거쳐 버스로 국경을 넘어 키르기스스탄으로 갔다. 국경에서 심사가 까다로워 통과하는 데도 많은 시간이 지체되었다. 창밖의 넓은 초원에는 벌통들이 즐비하게 있었다. 특산품인 화이트 꿀을 생산하는 모양이다. 저 멀리 끝없는 설산은 안구를 정화 하는 것 같고, 우뚝 서 있는 거대한 산맥에 내 몸이 압도당하는 기분이다. 우리나라의 아담한 산봉우리에 비교하니 감탄이 절로 나온다. 키르기스스탄은 때 묻지 않은 자연의 모습을 간직하고 있고 만년설과 어우러진 초원과 수많은 야생화를 품고 있어 '아시아의 스위스'라 불린다.

카라콜에서 탐사에 필요한 준비를 마치고 러시아 군용차를 개조한 트럭을 타고 악수 산군으로 출발한다. 정돈되지 않은 거친 길을 달리니 달구지를 타는 기분이었다. 나는 계란을 깨지지 않게 가슴에 끌어안고 모든 신경을 계란에 집중했다. 도착했다는 말을 듣고 계란만 안고 내려버렸다. 아뿔싸! 스틱을 트럭 좌석 밑에 둔 걸 깜빡했다.

드디어 탐사의 첫발을 내디뎠다. 중간중간 이름 모를 꽃들의 향연, 길가에는 말똥이 철퍼덕, 냄새조차 정겹다. 대원들은 피하느라고 걸음걸이가 이상했다. 지금도 그때를 떠올리면 입가에 웃음이 절로 나온다. 고소적응을 위해 알라쿨 캠프 호숫가에서 5박 6일을 머물렀다. 대원 몇 명이 고소증세가 있어 종합 감기약을 먹다 보니 감기약은 탐사 초기에 거의 소진되었다. 고소적응을 마치고 대원들은 고도 4,000m 높이의 무명봉을 등정하였다. 대원들을 위해 생선조림을 만들어주었는데 맛이 이상하여 설탕을 듬뿍 넣었더니 대장님과 몇몇 대원들은 못 먹겠다고 하고 부대장 혜지는 맛있게 먹어 주어 정말 고마웠다. 그런데 아니나 다를까 혜지가 배탈이 나버렸다.

고소적응 기간에 대원들은 빙하 탐사를 했다. 수만 년 동안의 빙하가 녹아 크레바스가 점점 커지고 빙하 녹은 물은 계곡으로 흐르고 폭포가 된다. 지구온난화 문제는 우리들의 책임을 통감해야 한다. 빙하에 올라 태극기를 들고 사진을 찍으니 내가 한 봉우리를 등정한 느낌이다.

우리의 최종 목적지인 프세발스키는 시로타 캠프에서 출발한다. 대장님과 명현, 현세가 사전답사를 떠났다. 베이스캠프에 남은 대원들과 같이 텐트를 말리고 10일 만에 머리를 감으니 개운했다. 몇몇 대원들은 쓰레기를 태운다고 나뭇가지를 모으는 등 느긋한 예비 일을 보냈다. 저녁 늦게 도착한 사전 답사팀의 결론은 프세발스키로 가야 할 길을 찾지 못해 약간 힘들다는 것이었다. 고소 적응 차 3km 정도 걸었다. 훈련을 마치고 전 대원이 사우나를 했단다. 잔뜩 기대하고 들어갔더니 아궁이에는 장작이 타고 있고, 불 위에는 양동이에 담긴 물이 따뜻하게 데워지고 있었다. 모처럼 따뜻한 물로 씻은 대원들 얼굴이 뽀송뽀송 예쁘다.

탐사 활동 중에는 항상 알맞게 식사했다. 양이 조금 적은 듯하여 대원들을 생각해 나는 조금 덜먹었다. 살아 빠져라! 외치면서…….

드디어 디데이가 왔다. 지금까지의 국내 훈련과 고소적응의 결과인 프세발스키를 등정하는 날이다. 언덕 아래 텐트에서 야영한 뒤 안전벨트를 착용하고 출발했다. 프세발스키 능선으로 올라가는 코스를 쳐다보니 아득했다. 다행히 날씨가 우리를 도와주었다. 자갈 너덜 길은 끝없이 이어지고 탐사대는 그 길을 지그재그로 올라갔다. 발을 제대로 디디지 않으면 주르륵 미끄러진다. 정상 못 미쳐 급경사 오르막이 나온다. 로프를 설치하고 대원들은 등강기를 사용해서 능선까지 올라갔다. 능선에 도착하니 더 아찔했다. 빙하절벽이다. 피크가 세 개 있는데 세 번째 피크가 프세발스키이다. 프세발스키는 눈이 있어야 등정이 가능한데 눈이 없어서 등반할 수 없었다. 탐사대는 첫 번째 피크, 테미토르를 오르기로 했다. 테미토르 오르는 능선은 좁고 양옆으로 한쪽은 빙하, 다른 한쪽은 급경사 사면이다. 대원들은 안자일렌 시스템으로 등반을 조심조심 이어 나갔다. 고도 4,013m 정상에 올라섰다. 모든 대원이 감격에 겨워 기뻐했다. 지금까지의 훈련과 고소적응 및 산행이 주마등처럼 스쳐 지나갔다. 해냈다는 자부심과 또다시 볼 수 없는 경치라 사방으로 눈 운동을 했다. 날씨가 어두워져 로프 2동을 이어서 180m 정도 하강하였다. 우리 탐사대는 무사히 시로타 캠프로 귀환했다.

악수 산군에서의 탐사는 모두 마쳤다. 악수 산자락을 한번 둘러보았다. 13일 전 꿈에 부풀었던 첫날이 생각났다. 저 너머 우리가 머물렀던 시로타 캠프 화장실이 갑자기 생각난다. 3면이 막혀있고 입구는 문이 없어 누가 사용하고 있는지 확인이 불가능한 구조이다. 나는 좀 더 오래 있으려고 생각해 낸 아이디어가 붉은 옷을 입고 고개를 쭉 내미는 것이다. 그러면 멀리 캠프에서도 눈에 띄어 화장실 사용 중일 것을 알 수 있으니 조급해하지 않고 편안하게 볼일을 볼 수 있었다.

우리를 데리러 오는 트럭이 올 때까지 걸어가기로 했다. 이제 아름다운 경치를 더 이상 볼 수 없기 때문에 나 홀로 만끽하여 천천히 걸었다. 마주치는 사람들의 행복한 표정, 오고 가는 정겨운 인사, 가끔 한국어를 하는 사람을 만나면 더욱 반가워 한참 동안 이런저런 대화를 나누었다. 초원 위에 노란, 검정말들은 풀을 뜯고, 망아지는 어미젖을 먹고 있다. 산 위에는 맑은 구름이 뭉게뭉게 떠 있고 냇가에는 흰색인지 파란색인지 모를 빙하 물이 유유히 흐르고 있다. 다시 못 볼 경치라 열심히 사진을 찍었다.

매일 탐사를 마치고 각자의 수기를 읽고 반성하고, 칭찬하는 시간을 가지며 탐사대의 팀워크와 서로를 알아가고 이해하는 멋진 피드백 시간이 되었다.

20여 일간의 탐사 활동에서 많은 어려움을 스스로 극복하고, 서로 협력하여 하나의 공동체를 형성한 대원들과 무탈하게 탐사대를 이끌어주신 대장님께 감사의 인사를 드린다. 아울러 오지탐사대 후원사인 ㈜콜핑과 대한산악연맹 청소년위원회 위원님들께도 감사의 인사를 남긴다.

여행은 어디를 가느냐, 보다 누구와 함께하느냐가 중요한 것 같다. 우리 키르기스스탄 알마토와 함께 할 수 있었던 오지탐사대는 두 번 얻지 못할 귀한 기회이고 큰 도전이었다. 한국청소년 오지탐사대, 앞으로도 더 발전하기를 바란다.

키르기스스탄 대원들의 문화교류 활동

알마토 & 루카 브루케

루카 브루케는 카라쿨 시내에 있는 장애인 지원센터이다. 가난한 장애 아동들에게 뛰어놀 수 있는 공간을 제공하고 아이들은 일반 아동들과 함께 더불어 살아가는 방법을 배우고 있다고 한다. 센터는 정부의 지원 없이 지역사회 모금을 통해 이뤄지고 있어 매우 열악하였다. 난방을 못해 겨울이 제일 힘들다고 한다. 하지만 센터장님의 사명감과 희생이 그 고난과 역경을 극복할 만큼 강인함을 느꼈다.

알마토는 7살~10살 아동을 기준으로 하여 국내에서 스케치북, 크레파스, 색연필, 축구공, 동물 머리띠, 비니 등을 준비해 갔다. 프로그램으로는 국기 그리기, 무궁화꽃이 피었습니다 놀이를 준비했다.

아기 상어 율동 등을 준비했는데 그중 국기 그리기 시간이 가장 기억에 남는다. 서로의 국기를 그리며 어색한 분위기를 천천히 달래보았다. 유난히 눈에 띈 경계가 심했던 한 남자 아이. 태극기가 어려웠는지 경계를 내려두고 손짓하며 도움을 요청했고 아이의 손을 잡고 음양을 그려나가는 데 우릴 보며 밝은 웃음을 지어주었다. 이처럼 서로 가까워지는 시간은 조금 걸릴지라도 천천히 기다려 보면 서로의 마음을 알 수 있지 않을까 싶다. 다가오지 않는다고 해서 어색한 감정을 준다면 아이들은 그것을 바로 느낄 것이고, 어렵게 생각할 것이다. 미흡한 부분이 많았던 프로그램이었지만 잘 따라와 주어 감사했고, 다정한 손과 웃음을 내어준 스무 명의 아이들을 절대 잊지 못할 것이다

– 장혜지 대원

'무궁화꽃이 피었습니다' 게임을 할 때 아이들이 이미 알고 있다는 사실이 더 신기했다. 서로 말은 통하지 않지만, 눈빛으로 서로가 하는 말을 이해했다. 온몸으로 아이들과 소통을 한 것 같다. 그 자그마한 여자아이의 빛나는 눈을 보니 아이들을 위해 무언가 하고 싶었

다. 운동장에서 뛰어노는 모습과 그림 그리는 모습들이 생각났다. 귀국하기 전에 후원 계좌라도 물어봐서 매달 만 원씩이라도 지원해 주기로 마음을 먹었다. 문화교류는 오히려 내가 더 성숙해지는 시간을 갖게 된 것 같다.

- 김명현 대원

우리나라에서 챙겨온 학용품들로 서로의 얼굴을 그려주고 국기도 그려줬다. 유명 한국 텔레비전 프로그램에 나왔던 '무궁화꽃이 피었습니다' 놀이도 했다. 아이들은 한국 문화를 잘 알고 있고, 또박또박 한국어를 발음하는 모습에 고맙고 미안했다. 우리가 조금 더 키르기스스탄 언어에 관해 공부해 갔으면 훨씬 더 좋고, 원활하고, 즐거운 문화교류 활동이 되었을 텐데 말이다.

-엄윤솔 대원

평소에 아이들과 놀아본 경험도 없고 그림을 잘 그리거나 노래를 잘하는 편이 아니어서 문화교류를 잘 할 수 있을까 걱정이 많았다. 그러나 내 걱정과 달리, 이곳 아이들은 처음 보는 우리를 반가운 미소로 맞이해줬다. 정말 고마웠다. 그런 아이들 덕분에 나도 모르게 자신감이 생겼던 것일까, 자신 없던 그림 그리기 시간에 적극적으로 그릴 수 있었다. 그렇게 즐기며 시간을 보내다 보니 아이들과 약속한 2시간이 순식간에 지나갔다. 끝날 때쯤엔 아이들과 헤어지기 싫었다. 자신 없어 하던 내 모습과 아이들과 소통을 잘하지 못한 부분들은 아쉬웠지만, 잠깐이나마 동심으로 돌아갈 수 있어서 행복했던 시간이었다.

- 황동식 대원

처음 장애인 센터에서 문화교류를 하러 간다고 했을 때 잘 해낼 수 있을지 걱정이 많았다. 하지만 막상 가서 아이들을 보니 너무 예뻤다. 그래서 이 순간만큼은 충실히 임해야겠다고 마음을 먹었다. 그래서 말이 안 통하는데도 불구하고 같이 그림 그리기를 했는데 생각보다 재미있었다. 그리고 아이들이 생각보다 한국 문화를 잘 알고 있지만 우리는 키르기스스탄 회화랑 문화를 잘 몰라서 조금 더 공부하고 갔으면 어땠겠냐는 아쉬움 남는다. 처음엔 걱정으로 준비한 문화교류 2시간 지금 와서 보니 너무 짧았고 더하고 싶다는 생각이 든다.

- 조현세 대원

7~10세의 아이들이었다. 아이들이랑 놀아주는 경험이 없어서 자신이 없었다. 처음으로 이렇게 많은 아이와 함께 시간을 보내니 아이들의 순수함과 동심이 느껴졌다. 아이들이 우리가 준비한 프로그램을 다 잘 따라와 줬다. 심지어 한국 동요와, '무궁화꽃이 피었습니다'와 같은 한국 놀이 문화를 조금이라도 알고 있었다. 너무나 신기했다. 한국 문화가 해외에 많이 전파돼 있음을 느꼈다. 그리고 아이들이 좋은 환경에서 따뜻하게 지내며 뛰어놀고 공부할 수 있으면 좋겠다.

- 김수한 대원

장애인 지원센터인 것을 사전에 알고 있었기에 머릿속에 그려지는 이미지가 있었다. 한국의 복지시설을 떠올린 듯하다. 그러나, 막상 방문해 보니 그곳은 그 이미지와 사뭇 달랐다. 겨울엔 난방이 어려워 곤욕을 치르고 있었고, 정부 지원이 없어 지역 사회 모금을 통해 운영과 시설 보수가 이뤄지고 있었다. 아이들과 소통하며 밝은 미소의 아름다움을 느꼈지만, 동시에 대비되는 열악한 환경이 눈에 들어왔다. 멀리 떨어졌지만, 이 아이들을 위해, 또 세계 어디선가 비슷한 처지에 놓인 아이들을 위해 내가 무엇을 할 수 있을지 고민이 들었다.

- 채지용 대원

준비물이 가득 든 카고백을 들고 학교에 도착했다. 현지 아이들에게 한국 문화를 알려줄 생각에 들뜬 마음을 안고 준비물을 꺼냈다. 유명 한국 드라마 덕에 '무궁화꽃이 피었습니다'를 정확히 발음하는 친구도 있었고, 아기 상어 동요를 알려주기도 전에 흥얼거리는 친구도 있었다. 시간이 제한적이었기에 키르기스스탄 문화를 상대적으로 많이 배우지 못한 게 아쉬웠지만, 다음에 다시 만난다면 키르기스스탄의 전통 음식 만들기나 전통춤을 배워보고 싶었다. 이렇게 인연이 닿은 만큼 다음에 또 만나서 문화교류를 진행할 수 있길 바라본다.

- 진기윤 대원

Rizvan

콜핑과 함께하는

키르기스스탄 탐사대 기록

1. 탐사대 행정

1) 항공

출국: 인천공항(7월 22일 19시 5분) ⇒ 알마티공항(7월 22일 23시 30분)

입국: 알마티공항(8월 12일 00시 50분) ⇒ 인천공항(8월 12일 09시 30분)

항공 수하물 꾸리기 Tip

- 아시아나 항공 이코노미 클래스 수화물 1개 23kg 기준.
- 대원들 카고백 중량을 13kg으로 제한하고 나머지 중량을 공용장비로 채웠다.
- 대원들 각자 작고 무거운 물건들은 어택 배낭에 넣어 기내에 들고 탔다.
- 공용 짐은 별도 카고백 4개에 넣어 초과 수하물 요금(550,000원)을 지불했다. 항공사 사이트에서 30% 할인가격으로 사전예약할 수 있다.
- 공용 카고백은 안에 들어 있는 품목을 적어서 붙여놔야 물품을 확인하는 시간을 줄일 수 있다.
- 보조배터리, 랜턴 등은 기내 휴대만 가능하니 절대 수하물에 넣으면 안 된다.
- 카고백은 자물쇠보다 케이블 타이가 도난 방지에도 효과적이다.
- 손저울을 미리 준비해서 짐 꾸릴 때 카고백 중량을 체크해두면 좋다.

2) 환전

키르기스스탄 화폐단위는 솜(som)이다. 2022년 7월 기준 600 솜은 한화 만원 정도이다. 한국에서 달러로 환전해서 현지에 가서 다시 솜으로 환전해야 한다. 사기 위험이 있으니 환전은 반드시 환전소를 이용해야 한다. 키르기스스탄은 달러 사용 비율이 높아서 달로와 솜의 비율을 8:2로 준비했다. 상황에 따라 솜(키르기스스탄), 달러(미국), 원(대한민국), 텡게(카자흐스탄) 총 4가지 화폐단위를 쓰게 되므로 환율을 미리 숙지해 가는 것이 좋다.

3) 여행자 보험

보험사마다 보장 내용이 다르니 유리한 혜택을 잘 따져서 가입하자.

4) 응급 시 의료기관 연락처

사설 앰블런스를 부를 수 있다, 국번 없이 139번, 151번이다.

5) 언어

키르기스스탄은 러시아어 국가라 시내에서 영어가 통하지 않는 경우가 많다. 오히려 산이나 베이스캠프에 외국인이 많아 영어가 통한다. 마트에서는 구글 번역기를 이용해 소통했다.

6) 회계

- 시로타 캠프와 아유토 캠프에 작은 상점이 있었는데 영수증을 따로 주지 않는다. 러시아어 표기가 되어있는 간이 영수증 양식을 만들어 가는 게 좋다.
- 영수증을 받을 때마다 상세 내용을 연필로 즉시 적어두는 게 좋다. 현지 영수증을 구글 번역기로 스캔해도 내용 해석이 원활하지 않았다. 내용을 적어두지 못한 경우엔 현지 가이드에게 도움을 요청해서 내용을 채웠다.
- 영수증은 물에 젖지 않도록 보관해야 하는데, 이를 위해 여러 개의 L자 화일을 챙겨가는 걸 추천한다. 매일 날짜별로 정리 후, 지난 날짜의 영

수증은 테이프로 밀봉 보관하면 편하다. 우리 팀은 하나의 L자 화일에 일자별 영수증을 고무줄로 묶어 보관했는데 일정이 끝나갈수록 화일 내부 공간이 없어져 보관이 불편했다.

- 탐사가 끝나면 회계 내역서를 작성해야 하는데, 그 과정에서 에이전시와의 소통이 필요할 수 있으므로 현지에서 완성하는 게 좋다. 핸드폰 배터리가 충분하다면 구글 스프레드시트 앱으로 작성하는 걸 추천한다. 엑셀 수식을 이용하면 금액 계산이 편하다.
- 회계는 간이 영수증, 돈, 영수증을 넣을 L자 화일을 상시 몸에 지니고 다녀야 한다. 그래서 크로스백이 필수이다. 대원들 여권을 넣는 경우도 생기기에 조금 넉넉한 사이즈의 크로스백을 준비하는 게 좋다.
- 회계 물품은 분실 위험이 높으므로 운행 시에도 배낭에 넣고 다녀야 하는데, 운행 도중 비가 오는 경우가 있으므로 영수증 보관에 각별히 주의해야 한다. 여분의 지퍼백을 챙기는 게 좋다.
- 키르기스스탄은 치안이 좋아서 회계가 모든 돈을 직접 보관했다. 돈을 잘 챙길 자신이 있다면 직접 보관하는 게 지출을 계산하기 좋다.

7) 휴대전화

휴대전화 사용 방법은 현지 유심과 로밍이 대표적이다. 현지 데이터 사용이 우선이라면 현지 유심, 한국과의 통화가 우선이라면 로밍을 추천한다. 로밍의 경우 통화는 잘 되었으나 데이터 이용 불가 지역이 많아 시내에서만 데이터를 사용할 수 있었다.

8) 유의 사항

- 현지에 도착한 후에는 거주지 등록한다. 중앙아시아 국가 여행 시 도착 후 3일 이내에 거주하는 곳을 등록하는 제도가 있다. 보통 호텔 체

크인 시 데스크에 여권을 제출하면, 다음 날 아침 여권과 함께 등록증을 준다.

- 호텔이나 숙박시설에 여권을 두면 분실될 위험이 있으며, 또한 길거리에서 외국인들에 대한 검문이 종종 있기 때문에 여권은 항상 본인이 소지하도록 한다.
- 현금 및 귀중품은 항상 본인이 소지하도록 하며, 사람들이 많은 곳에서는 최대한 가지고 있는 돈을 보이지 않도록 한다.

9) 현지 수송

국경을 넘을 수 있는 시간이 09~17시로 정해져 있으므로 그에 맞춰 일정을 짜는 게 좋다. 카자흐스탄에서 키르기스스탄으로 이동 시에는 국경에 엄청나게 많은 차들이 줄 서 있어 대기시간이 상당히 길었다. 가능한 아침 일찍 출발하고, 딜레이 가능성을 식량과 수송 담당에게 공지해 주어야 원활한 점심 식사 대비가 가능하다.

2. 탐사대 장비

1) 공용장비

- 등반 장비: 로프(1동), 피켈
- 야영 장비: 텐트(3동), 타프(1개), 야전삽(1개), LED등(3개)
- 취사구: 코펠 7~8인용(1set), 스토브(1개), 리액터(2개), 휴대용정수기(2), 락앤락통(10개)
- 운행구: 무전기(2대), 지도
- 기타: 건전지, 케이블 타이, 휴지, 바느질 세트, 손저울, 코인티슈, 태양광 패널, 비닐봉지, 크린백, 빨랫비누, 외장하드, 청 테이프, 물티슈, 슬링(끈)

공용장비 사용 Tip

- 크레모아 랜턴: 충전형 돔 랜턴보다 밝아서 저녁에 회의할 때 유용하게 사용했다.
- 보온병: 고산 올라갈 때 따뜻한 물이나 차를 마셔야 하니 2개 이상 챙기기를 권장한다. 달콤하고 따뜻한 차는 피로 해소에 정말 좋다.
- 솔라 패널: 고산에서 전기 충전이 불가능한데 솔라 패널 덕분에 부족함 없이 촬영 장비와 핸드폰 충전이 가능했다.
- 가스: 여름이라 가스 사용량이 많지 않을 줄 알았는데 고산의 기온이 낮아 따듯한 물을 마시는 데에 많이 사용되었다. 230g 30개와 450g 5개를 챙겼는데 부족하여 230g 10개와 450g 5개를 추가로 구입했다.
- 리액터: 물이 빨리 끓어 따뜻한 물을 공급하는 아주 좋다. 특히 운행 중 길에서 라면 끓일 때도 시간 절약에 엄청나게 도움이 된다. 연료도 절약되어 필수 장비로 추천한다.
- 압력밥솥: 가벼운 것으로 준비하는 것이 좋다(산악용 압력밥솥 추천).
- 청테이프: 캠프 이동 시 양념 포장이나 장비 패킹할 때 많이 사용해서 대형 2개가 부족했다.
- 손저울: 무게를 재는 도중에 1개가 부서지고, 1개는 배터리가 부족해서 1개로 사용했다. 포터에게 짐을 줄 때나 카고백 수하물 부칠 때 사용해야 한다. 배터리 여분을 꼭 챙겨야 한다.
- 롤백: 두꺼운 비닐 롤백으로 준비하면 좋다.
- 슬링: 빨랫줄을 만들거나 텐트 끈 조절에 사용하니 넉넉할 길이를 챙기자.
- 정수기: 캠프와 운행 중 물이 깨끗해서 정수기는 사용할 일이 없었다.
- 무전기: 충전형 배터리보다는 AA 건전지용으로 장착시켜 사용했다. 여분의 AA 건전지는 36개 이상이면 좋다.

• 피켈: 설상에서뿐만 아니라 너덜지대 탐사에서도 확보와 스틱 대용으로 유용하게 사용했다.

대원들이 공용장비와 개인장비 차이를 구분할 줄 알아야 한다. 수송대원은 대원들에게 장비 체크리스트를 공지하고, 장비는 수시로 확인해서 무게를 적절히 분배해야 한다. 대원 모두 장비 사용법 숙지해야 한다. 이해가 부족한 장비에 대해서는 대장님에게 배워서 완벽하게 사용법 숙지해야 원활한 탐사를 할 수 있다.

2) 개인장비

한국청소년 오지탐사대 후원사 콜핑 지원품목

• 의류: 고어텍스 재킷, 방풍 재킷, 우모복, 티셔츠(동계, 하계용 총 4개), 바지(동계, 하계용 총 3개), 바라클라바, 비니, 버프, 스카프, 장갑(스트레치 장갑, 동계장갑), 우의

• 신발: 동계용 등산화

• 등산 장비: 배낭, 등산스틱, 헤드 랜턴, 스패츠, 수통, 침낭, 매트리스

탐사대 개인 준비 품목

• 속옷, 울양말, 슬리퍼, 고글, 아이젠, 메모장, 펜, 의류 파우치, 선크림, 세면도구 등

개인장비 사용 Tip

• 동계 넥 워머와 비니: 변덕스러운 기상으로 인해 기온이 떨어

질 때 착용한다. 잠잘 때도 착용하여 체온이 떨어지지 않도록 사용했다.

- 경량 패딩: 선택사항으로 준비했었지만, 운행하면서 필수사항이라고 느꼈다. 기온이 낮을 때마다 착용했으며, 콜핑에서 준 플리스 재킷은 무게가 많이 나가 실용성이 떨어졌다.
- 고소 내의: 면내의에 비해 고산의 낮은 기온을 버티는데 용이하고, 땀이 잘 마르는 장점이 있다.
- 선글라스(고글): 반드시 챙겨야 할 장비, 고산에서 고글을 사용하지 않으면 눈이 건조해지고 안구 건강에 해롭다.
- 침낭 커버: 텐트에서 취침할 때, 텐트 벽 쪽에서 자는 대원들은 젖는다. 커버를 씌우면 젖지 않아서 좋았다.

3. 탐사대 식량

1) 국내 준비 품목

- 누룽지, 전투식량, 짜파게티, 신라면, 수프, 짜장 분말, 카레 분말, 마른 미역, 참치캔, 스팸, 파래김, 창란젓, 명란젓, 오징어젓갈, 갈치속젓, 깻잎장아찌, 무말랭이, 김치, 당면, 냉면, 사골 분말, 떡국떡, 꽁치 캔, 진미채.
- 고추장, 고춧가루, 된장, 소고기고추장, 진간장, 다시다, 깨, 멸치 액젓.
- 핫 브레이크, 약과, 청포도 사탕, 말랑 카우, 홍삼사탕, 발포 탄산, 커피믹스, 블랙커피, 율무차, 보리차, 녹차, 아이스티, 미숫가루.

행동식 & 차

- 대원들이 좋아하는 간식을 사전에 파악해 두는 것이 좋다.
- 닥터유 미니 단백질바, 약과, 홈플러스 미니 초코바, 맥스봉, 청포도사

탕, 시리얼 등이 인기가 있었다.

- 커피믹스, 보리차, 녹차, 블랙커피, 홍차, 아이스티, 율무차 등을 다양하게 준비, 이 중에서 아이스티와 율무차를 추천한다. 다른 차는 먹다 보면 슬슬 싫어지는데 이 두 가지 차는 탐사 끝나는 날까지 맛있게 먹었다.

국내 식료품 준비 Tip

- 스팸, 참치, 꽁치 등 캔으로 된 통조림 제품들이 무겁긴 하지만 맛이 좋아 거부감 없이 잘 먹었다.
- 짜장과 카레를 분말 형태로 챙겨서 무게를 줄이고 양을 늘릴 수 있다.
- 진미채는 고추장 양념만 해도 입맛을 돋우는 훌륭한 반찬이 되었다.
- 오징어젓은 호불호 없이 맛있게 잘 먹었다.
- 파래김도 간장 양념을 만들어 찍어 먹으면 입맛 돋우는 데 좋았다.
- 소고기 고추장도 밥 비벼 먹기에 좋았다.
- 멸치 액젓은 탐사 끝나는 날까지 사용하지 않았다.

2) 현지 식료품 준비

- 육류 보관 방법: 흐르는 물이 있다면 비닐봉지에 넣어서 담가놓거나 작은 아이스박스에 보관했다.
- 소고기는 현지에서 가장 많이 구할 수 있고 맛도 괜찮은데 손질이 필요하다.
- 닭고기는 작은 닭보다 큰 닭이 맛이 좋으며 손질이 필요하다.

- 양고기는 식당에서 먹어야 냄새 없이 맛있게 먹을 수 있다(조리하기 어려움).
- 햄은 종류가 많은데 살라미는 먹기 힘들고 분홍색 소시지처럼 생긴 햄이 맛있다. 쉽게 상하지 않고 보관도 쉬워 유용했다.
- 여러 종류의 쌀을 사서 먹어보면서 우리 입맛에 맞는 쌀을 골라야 한다. 특히 묵은쌀도 있으니 주의가 필요하다.
- 밥을 할 때 평소보다 물을 더 넣어야 한다.
- 반찬과 김치는 포장은 비닐봉지에 넣고 밀폐용기에 넣은 뒤 테이프로 감싸면 터질 위험이 적어지고 현지에서 반찬을 다 먹은 뒤 용기를 사용할 수 있다.
- 생선은 국내 통조림 구매 추천, 현지 생선은 너무 짜고 비려 먹기 힘들었다.
- 일회용 다시마 팩을 이용하여 국물을 우려내면 훨씬 맛있는 국을 쉽게 만들 수 있었다.
- 조미된 김보다는 파래김을 구매를 추천한다. 변질할 우려가 적고 활용도가 좋다.
- 스팸과 참치는 넉넉히 사 가자.
- 칼, 도마는 무게를 줄이기 위해 현지에서 구매했다.

4. 탐사대 의약품

1) 의약품 목록

종합감기약, 고소약(다이아막스), 지사제, 진통제, 근육이완제, 스포츠젤, 변비약, 항생제, 항히스타민제, 바세린, 후시딘, 메디폼 습윤밴드, 대일밴드, 3M봉합테이프, 종이반창고, 화상치료제, 파스류, 안약(인공눈물, 안구보호 안약), 벌레기피제, 탄력테이프, 멸균거즈, 지지대, 거즈 드레싱, 키네시오 테이프, 핀셋, 가위, 사혈기, 멸균바늘, 바늘, 실, 면봉, 수술용장갑, 지혈용 생리대, 산소포화도 측정기, 붙이는 핫팩

의약품 사용 Tip

- 국내 병원에서 고산 간다고 말하고 종합 감기약 처방. 성별, 나이, 몸무게 등을 고려해 2인 1조로 처방받아 약을 준비했다. 부족해서 현지에서 종합 감기약을 사서 먹기도 했다.
- 모든 의약품은 포장을 뜯어서 버리고 경량화 작업을 해야 한다. 타이레놀, 게보린 같은 약들을 일일이 잘라 플라스틱 약통에 넣어 보관하고, 이름과 용법 용량을 적어두었다.
- 대원들이 체를 자주 해서 사혈기를 유용하게 사용했다.
- 탐사 초반 체하는 대원들이 많아 손을 자주 땄다. 체하지 않게 꼭꼭 씹어 먹으라고 말해주고, 대원들이 식사 중에 스트레스를 받지 않도록 해야 한다. 식사 중에는 즐거운 대화만 하자.
- 지사제(정로환)은 거의 사용 안 했다.
- 몇 명의 대원들이 테이핑 교육을 받아와 도움이 많이 되었다.
- 의료 담당과 대장님, 이렇게 두 개의 의료 키트를 만들어 운행 중 빠르게 처치하도록 했다.
- 매일 모든 대원에게 컨디션을 물어보고 필요한 약이 있는지 확인이 필요하다. 운행 중 선발대와 후발대로 나뉘면 약을 받기 어려운 상황이 생기니 각자 필요한 약은 미리미리 챙기자.
- 대원 전부가 기초적인 의료 지식과 자신의 안 좋은 부분을 미리 숙지해야 있어야 한다.
- 운행 중 약품 통의 위치는 배낭 맨 위가 되어야 한다. 의료담당자는 [개인 짐→약품 통→방수 재킷] 순으로 패킹하여 혹시 비가 오거나

젖을 상황에도 대비했다.

- 의료 담당은 늘 대열의 중간에 위치에 있자. 우리 팀은 선발대와 중간, 후발대로 나뉘어 다닌 경우가 많은데 그럴 때마다 의료담당이 선발대에 있으면, 후발대에서 문제가 생겼을 때 왔다 갔다 해야 해서 의료 담당이 무리하게 되어 고소가 올 수 있다.
- 스토브에 손을 데는 사고가 가장 빈번하게 발생해서 주의가 필요하다. 화상연고 준비도 해야 한다.
- 무거운 배낭을 메고 장거리 운행이 지속된 경우 무릎 통증을 호소하는 대원이 많았다. 대원 각자가 챙겨온 스포츠 겔을 바르거나 로시덴 겔을 발랐다.

의료담당의 소회

날씨가 추운 탓에 주머니가 많은 바람막이 재킷을 벗지 않아서 재킷의 주머니에 약품을 넣고 다니며 필요시에 바로 바로 사용했다. 의약품 무게가 생각보다 많이 나간다. 국내 훈련에서 무게 분배를 위해 다른 대원들에게 나누어 보았지만, 약품 위치 파악이 힘들어 의료 담당이 혼자 의약품을 짊어지고 다녔다. 해외 탐사에서도 혼자 짊어지고 다녀 다른 대원보다 1~3kg 정도 더 메야 했다. 사용한 의료 품목들은 그 자리에서 바로바로 체크했다. 그리고 텐트에 돌아와 노트에 바로 보고서 작성했다.

의료는 운행 전, 중, 후 모두 바쁜 직책이다. 특히 운행 중에는 어떤 일이 생길지 모르니 항상 긴장하고 예의주시해야 한다. 의료 용품이 어디에 위치했는지, 어떻게 사용해야 하는지, 수량은 얼마나 남았는지는 수시로 체크해야 한다. 운행이 끝나고는 그날 사용했던 의약품을 정리하고 부족하지 않게 바로바로 채워 넣어야 한다. 혼자서 대원 7명을 케어 하려면 생각보다 벅차다. 메모하는 습관을 기르는 게 중요하다.

의료담당 혼자서 7명의 대원을 체크하는 것은 의사나 간호사가 아닌 이상 의료지식이 없는 사람이 하는 것은 사실상 불가능이다. 그러니 자기 자신 몸은 자기가 먼저 체크하고 아픈 곳이 있으면 정확히 말하고 필요한 약을 달라고 하면 좋겠다. 대원 전부가 기초적인 의료 지식과 자신의 안 좋은 부분을 미리 숙지하고 훈련, 탐사에 임해야 하는 것은 당연하다. 자기 자신은 자기 자신이 먼저 지킬 줄 알아야 한다고 생각한다.

5. 탐사대 촬영

1) 촬영 장비

고프로 9(1대), DSLR 카메라(1대), 후지필름 카메라(1대), 대원들 휴대폰

2) 촬영 전

- 국내 훈련할 때 고프로와 휴대폰으로 촬영했는데, 영상 촬영을 가로, 세로로 해서 편집에 어려움이 있었다. 영상은 가로 촬영으로 통일해야 한다.
- 운행 중 체력이 떨어지면 촬영이 불가능하므로 체력이 좋은 대원들이 촬영을 할 수 있도록 사전 협의가 필요하다.
- 보조배터리를 40,000mah 정도 준비해서 절반은 카메라 충전, 절반은 휴대폰 충전에 사용했다. 카메라와 휴대폰은 운행하기 전에 최소 70% 이상 충전되었는지 확인해야 한다.
- 카메라 액정은 촬영에 큰 영향을 주므로 보호 필름 부착하고 파손에 주의해야 한다.

• 최소한 카메라 구도와 영상 편집 전개는 조금이라도 공부를 해가는 것이 좋다. 촬영담당자가 관련 내용을 사전에 공유하고 실습하도록 추천한다.
• 산행 중 촬영을 많이 하므로 SD카드를 125GB 두 개 정도는 준비하는 것이 좋다.

3) 촬영 중

• 카메라는 카고백에 넣으면 파손 위험이 있으니 배낭 헤드에 넣고 다녔다.
• 가장 큰 문제점은 체력. 카메라 자체 무게가 꽤 나가서 다른 대원들보다 배낭이 2~3kg 더 무겁다. 촬영 담당자가 지쳤을 때 당시 체력이 좋은 대원에게 촬영을 맡기는 경우도 있는데, 이때 원하는 구도와 영상 내용을 정확히 말해야 한다.
• 평상시 모습 보다 운행 중 대원들이 힘들고 쳐질때의 모습을 촬영하는 것이 더 의미가 있고 이후 편집할 때도 유용하게 쓰인다.
• 운행 중 대원들에게 인터뷰할 때 질문을 구체적으로 할 수 있게 미리 준비를 해두면 좋다.
• 부상, 길을 잃은 상황, 힘들어하는 모습 등 비상 상황에서도 반드시 촬영을 해야 한다.

4) 촬영 후

• 매일 매일 영상과 사진을 날짜별로 정리해야 백업하기 용이하고, 차후 영상 편집에도 도움이 된다.
• 편집에 쓸 만한 영상이 있는지

확인해서 미리 정리하자. 수많은 사진, 영상을 다시 확인하며 필요한 것만 추려서 보관했다. 산에서 번거롭더라도 백업 습관을 들이는 것이 좋다.

- 외장 하드는 2개 준비해서 백업했다. 분실이나 파손 우려가 있으니 외장하드 하나는 대원 중 한 명이 전담해서 관리하게 했다.

6. 탐사대 기록

국내 훈련 내내 기록을 계속해왔고, 현지에 가서도 크게 달라지는 부분이 없었다. 그런 점에서 기록은 국내 훈련부터 성실히 연습한다면 큰 어려움이 없다. 다만 안일하게 행동해서는 안 된다. 탐사 이후 최종 보고서를 작성할 때 대원들 모두가 번거로워질 수 있다. 최종 보고서를 빠르고 훌륭하게 작성하는 것, 그것이 기록이 지향해야 할 목표이다.

1) 수기

- 수기는 국내 훈련부터 쓰도록 하자. 글 쓰는 습관과 요령이 들지 않으면, 몸과 마음이 피로한 해외에서는 쓰기 어렵다.
- 수기에서 가장 중요한 점은 개개인이 느낀 감정이다. 매일 새로운 경험을 하기에 어제의 감정은 금방 잊힌다. 느낀 점은 반드시 구체적으로 써야 한다. 일과를 모두 적으려 노력하거나, 나열할 필요가 없다. 자신만의 감정을 기록할 수 있게 해야 한다.
- 매일 하는 회의 시간에 수기를 돌아가며 읽는 것도 좋다. 서로의 글을 들으면 많은 도움이 되고, 피드백을 줄 수도 있다. 추가로, 회의가 끝나고 다 함께 수기를 작성하는 시간을 가지면 수기를 놓칠 일이 없다.

2) 역할별 보고서

- 매일매일 수기를 작성하며 역할별 보고서도 작성하게 하자. 자신의 역할이 매일 어땠는지 기록하지 않으면 기억할 수 없다.
- 보고서 작성 시, 사용내역과 사유 외에도 필요한 내용이 많다. 미리 작성한 계획안과 실제 실행안을 비교하는 총평을 추가하면 최종 보고서 작성에 많은 도움이 된다.

3) 일과 기록

- 일과 기록을 위해 시계는 필수이다. 시계로 바로바로 시간을 볼 수 있어야 한다. 운행 중 기록할 여유가 없을 수 있다. 시계로 시간을 확인하고 기억해둬야 한다.
- 일과 기록 시 에이전시나 산악가이드에게 받은 현지 정보를 기록해두는 것도 좋다. 수시로 질문하고 기록해야 한다.

  ex: 국경 지역에 말이 양보다 많은데, 양은 고도가 더 높은 곳에서 주로 키운다. 말은 말 젖과 말고기를 얻거나 목동의 이동 수단으로 주로 쓰인다.

4) 최종 보고서

- 운행 기간에 매일 수기와 보고서를 작성하게 하면 수월하게 작성할 수 있다. 운행을 마친 이후 시내 일정 때 수기와 보고서를 귀국 전에 마무리하면 좋다. 국내에 들어가서 최종 보고서를 뒤늦게 작성하기 어렵다. 다 같이 모일 수도 없고, 소통도 원활하지 않다. 귀국 전에 모든 자료를 완성해야 한다.
- 기록 담당 혼자 7명 전원의 최종보고서 안을 확인하고 피드백 주기 어렵다. 글을 잘 쓰는 1~2명에게 글쓰기를 봐달라고 부탁하고 최종 확인만 하면 여유가 있다.

기록 담당의 소회

기록은 기본적으로 글을 많이 써보고, 잘 쓰는 사람이어야 한다. 대원들의 글을 읽고 개선안을 줄 능력을 갖춘 사람이어야 한다. 매일 수기와 보고서 작성을 검사해야 한다. 단순 작성 여부를 넘어서서 글의 질까지 확인하고, 피드백을 주어야 한다. 기록은 운행 중보다, 운행이 끝난 이후 바쁜 역할이다. 운행이 끝나고 나서도 긴장감을 풀어서는 안 된다. 미리 수기와 보고서 작성 계획을 고민해 놓은 상태에서 체계적으로 진행해야 한다. 미리 준비하지 않으면 귀국 이후 모두가 고생해야 한다.

Nepal

Mustang

네팔 무스탕

MUSTANGTANG
Team Mustang tang

네팔, 무스탕

열망의 평원이라는 뜻의 무스탕은 네팔 북부 간다키 지방에 위치하며 안나푸르나, 다울라기리 연봉에 둘러싸여 있다. 8,000m가 넘는 고산 옆에 있는 탓에 연 강수량이 200m에 불과해서 매우 건조하다. 그래서 우리가 생각하는 히말라야의 모습인 설산의 모습보다는 어떤 시선에서는 생명체가 살아가지 않는 황량한 모습, 또 다른 시선으로 붉은빛과 노란빛, 갈색빛이 차례대로 쌓여있는 산들의 모습으로 보인다. 그리고 칼리간다키강 주위로 메밀꽃의 핑크빛과 유채꽃에서 풍기는 자연이 화려한 모습으로 비춘다. 이처럼 무스탕은 다른 히말라야 지역에서 느낄 수 없는 신비로운 모습을 선사한다.

히말라야산맥은 유라시아판과 인도판이 충돌하면서 만들어졌다. 인도는 과거 섬이었고 히말라야가 있던 지역은 본래 바다였다. 바다였던 곳이 솟아오르면서 히말라야에서 소금이 발견되고 채굴되고 있으며 바다에서 살던 생명체가 화석이 되어 히말라야에서 발견된다. 그중 대표적인 화석이 암모나이트다. 무스탕을 탐사할 때 칼리간다키강 주변을 걸으면 누구나 쉽게 암모나이트 화석을 발견할 수 있다. 즉, 무스탕에서 히말라야가 바다였다는 증거를 누구나 쉽게 발견할 수 있어 더욱 매력적인 탐사지이다.

은둔의 땅, 어퍼 무스탕

무스탕은 무스탕 왕국이라는 이름으로 과거 네팔 왕국의 종주국으로 존재했었다. 그러나 2008년 네팔의 군주제가 폐지되면서 무스탕 왕국은 자

연스럽게 역사 속으로 사라지게 되었다. 무스탕은 어퍼 무스탕과 로우 무스탕, 두 구역으로 나눌 수 있다. 어퍼 무스탕은 옛 무스탕 왕국의 수도인 로만탕에 있고 무스탕 왕국의 영향력이 매우 크게 작용한 지역이다. 그래서 어퍼 무스탕은 로우 무스탕에 비해 대부분이 티베트인으로 구성되어 있다. 네팔어뿐만 아니라 티베트어도 공용어로 사용되고 건축물이나 생활, 문화, 종교가 티베트 문화를 따르고 있다. 이러한 문화는 19세기 네팔의 쇄국정책으로 외부인의 접근이 철저하게 통제되어 유지될 수 있었고 그 문화는 지금까지 이어오고 있다. 또한, 그 덕분에 무스탕을 탐사하는 동안 700년이 넘은 채로 유지되고 있는 사원과 왕궁을 볼수 있다. 사원은 아직도 승려들이 수련하는 공간으로 사용되고 있으며 왕궁에서는 왕이 사용하던 장신구, 왕궁을 설계한 설계자의 손, 불상 등이 비교적 온전히 보존되고 있다.

지금도 무스탕 지역, 특히 어퍼 무스탕은 다른 히말라야 지역보다 접근이 힘들다. 어퍼 무스탕을 트레킹 하기 위해선 허가증이 필요하다. 허가 기간과 비용은 최소 10일과 500달러로 다른 지역에 비해 월등히 비싸다. 또한, 허가 조건으로 네팔 현지인 가이드와 포터를 필수적으로 고용해야 한다. 이렇게 허가를 쉽게 내주지 않는 까닭은 몇 가지 이유가 있다. 첫 번째로 중국 티베트 국경과 인접하기 때문에 군사적인 요충지이기 때문이고, 두 번째로 고대 티벳의 전통 불교 등 독특한 문화를 지니고 있어 보호를 위함이다. 세 번째로 다른 지역에서 잘 자라지 않는 희귀한 동식물이 대량 자생하고 있기 때문에 자연을 보호하고 유지하기 위함이다. 이외에 몇 가지 이유로 어퍼 무스탕 지역은 쉽게 접근할 수 없어 '은둔의 땅, 무스탕'이라는 별명을 가지게 되었다.

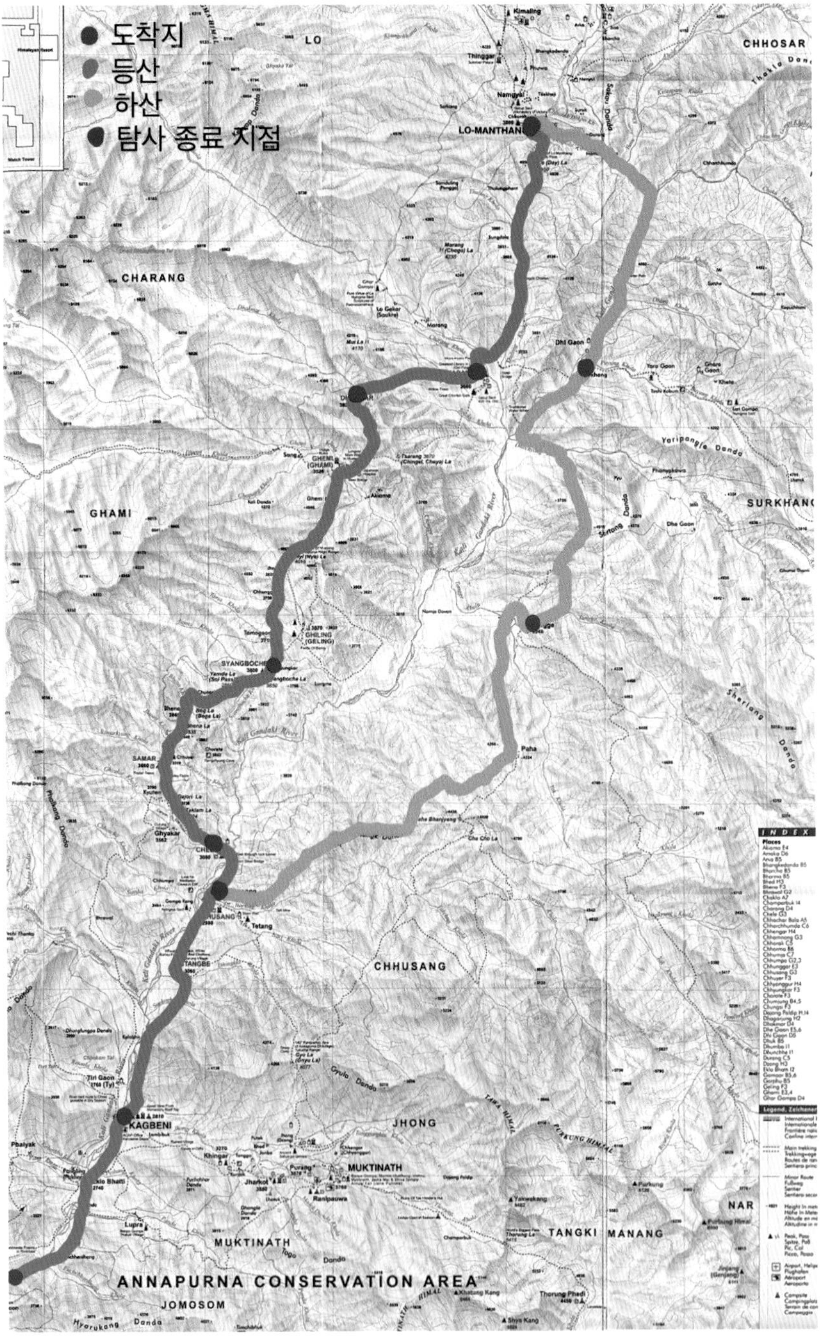

도착지
등산
하산
탐사 종료 지점
LO
CHHOSAR
LO-MANTHANG
CHARANG
GHAMI
SURKHANG
SYANGBOCHE
Kali Gandaki River
CHHUSANG
JHONG
KAGBENI
MUKTINATH
TANGKI MANANG
NAR
ANNAPURNA CONSERVATION AREA
JOMOSOM
INDEX

KOREA
SPORTS
KOLPING

네팔 무스탕 탐사대 일정

2022년 7월 23일 ~ 8월 13일(23일간)

7월 23일

인천 공항 → 델리 공항

7월 24일

델리 공항 → 카트만두 공항 → 카트만두 숙소

7월 25일

카트만두(탐사 준비일)

7월 29일

카그베니 → 첼레(3,100m)

7월 30일

첼레 → 상보체(3,800m)

7월 31일

상보체 → 닥마르(3,820m)

8월 4일

로만탕 → 야라(3,350m)

8월 5일

야라 → 탕게(3,240m)

8월 6일

탕게 → 파 패스 → 파 → 추상(2,980m)

8월 10일

포카라 체류

8월 11일

포카라 → 카트만두

8월 12일

카트만두

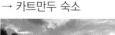

7월 26일	7월 27일	7월 28일
카트만두 → 따또바니	따또바니 → 좀솜(2,760m)	좀솜 → 카그베니(2,840m)

8월 1일	**8월 2일**	**8월 3일**
닥마르 → 짜랑(3,575m)	짜랑 → 로만탕(3,840m)	로만탕(휴식일)

8월 7일	**8월 8일**	**8월 9일**
추상 → 따또바니	따또바니 → 담푸스	담푸스 → 포카라

우리는 '무스탕탕'

무스탕을 향해 내딛는
대원들의 힘찬 발돋움 소리

'탕탕'

달리는 우리, 손 내밀면 함께 달리고
어려울 때 웃어주는 오지탐사대
어리다고 놀리면 난 정말 싫어
어린만큼 누구보다 큰 꿈이 있어
날마다 자라나는 힘 만큼
우리의 열정도 자란다.

멋진 우리 무스탕탕 오지탐사대!

김정훈 _ 대장

"그래, 여기까지 잘 왔다"

한국산업교육연구소 소장
울산산악구조대 대장
대한산악구조협회 산악구조강사
대한적십자사 산악안전법강사
2013 알프스 몽블랑외 등정
2014 중국 설보정(5,588m) 등정
2016 대한산악연맹 회장상
2019 키르기스스탄 악사이 악투봉(4,620m) 등정
2022 영남알프스 9봉 완등

임영대 _ 지도위원

"인무원려 난성대업, 사람이 멀리 생각하지 않으면 큰 일을 이루기 어렵다"

- 안중근 의사

가톨릭상지대학교 전산세무회계과 초빙교수
안동클라이밍클럽 고문
동국대학교 동굴탐험연구회 OB회원
스포츠클라이밍 공인심판(1급)
대한산악연맹 등산강사
전) 안동시산악연맹 전무이사
경북등산학교 강사장, 국립등산학교 강사
1992 스위스 융프라우 등정
2016 오세아니아주 칼스텐츠 등정
2022 영남알프스 9봉 완등

임채린 _ 부대장/촬영

"긍정을 뺀다면 아무것도 이루어지지 않는다는 것을 잊지 말자"

충남산악구조대 준대원
2023 충남산악연맹 원정 상비군
세한대학교 소방행정학과 16학번
2018 방글라데시 콕스바자르 난민촌 봉사활동
2022 충남산악연맹 동계 훈련 수료
월드비전 Global 6K for water 10좌 완료
영남알프스 9봉 완등

변창혁 _ 운행

"Just do it"

팀나이스짐 퍼스널 트레이너
영남대학교 경영학과 17학번
2019 충북 - 강원 지역 환종주
2020 프리메드(영남지부) 웨이트 트레이닝 과정 수료
TNgym boxingstar trainer level 1,2 수료
2021 생활스포츠지도사 2급, 영남알프스 9봉 완등
2022 영남알프스 9봉 2차 완등

조재석 _ 기록/행정

"Alpinist mind"

상명대학교 컴퓨터과학과 17학번
2017 전국노래자랑 1870회 인기상 수상
2018 스리랑카 배낭여행
2019 네팔 에베레스트 베이스 캠프 완주, 인도 배낭여행
2021 불수사도 종주
2022 영남알프스 9봉 완등

송준하 _ 식량

"죽는 것보다 더한 것은 없다"

인천생활과학고등학교 조리과학과 3학년

2022 국제요리&제과경연대회 기관장상 수상

킬터보드 grade V9 clear

영남알프스 9봉 완등

김가람 _ 수송

"웃음은 사람의 얼굴에서 겨울을 몰아내는 태양과 같은 것이다"

2005 인도출생

2021 플로어볼부 동아리

2022 보문산 등산, 영남알프스 9봉 완등

강승일 _ 장비

"항상 긍정적이고 파이팅있게!!"

인덕대학교 정보통신학과 18학번

2016 태국 치앙마이 봉사활동

2019 동남아 일주 배낭여행

2021 대한민국 해병대 병장 만기전역

서울광화문 – 해남땅끝마을 국토대장정

2022 영남알프스 9봉 완등

이승은 _ 의료/회계

"몸도 마음도 정신도 모두 건강하게 살자"

덕성여자대학교 소프트웨어전공20학번

덕성여자대학교 산악부

2020 공군 예비 학사장교 합격

2021 생활스포츠지도사 2급, 나홀로 제주도 한바퀴 종주

2022 영남알프스 9봉 완등

D-Day 우왕좌왕 네팔 가는 길

인천공항 ~ 인도 델리공항(파하르 간지)

조재석

우왕좌왕 정신없는 하루였다. 성원이 형 집에서 짧게 잠을 자고 동아리방에 돌아온 후 짐을 챙겨 인천 산악구조대장님의 도움으로 인천공항으로 갔다. 공항은 코로나19라는 큰 폭풍이 지나고 어느 정도 활기를 되찾고 있는 모습이 보기 좋았다.

우리 탐사대의 첫 번째 난관은 짐 패킹부터 시작되었다. 공용 장비 패킹을 해야 하는데 어떤 장비가 어느 카고백에 있는지 알지 못해 우왕좌왕하였다. 짐 패킹을 마치고 체크인을 하면서 두 번째 난관에 부딪혔다. 탑승 수속에서 경유지인 인도 공항을 나가는 데 필요한 에어 수비다, 인도 비자 승인서, 백신 접종 증명서 등을 하나하나 확인했고 네팔 입국에 필요한 CCMC를 한 명 한 명 확인했다. 그런데 우리 탐사대의 서류가 개인별로 분류되지 않아서 서류뭉치에서 한 명씩 확인하려니 시간이 오래 걸렸다. 우리는 탑승하기 전에 혼이 쫙 빠져버렸다.

출국일이 같은 태즈메이니아 탐사 팀을 만나 사진도 같이 찍고 우리는 인도행 비행기에 올랐다. 최근 몇 년 해외여행을 못 해 국제선은 정말 오랜만이었다. 외국인도 기내식도 그래서 더 반가웠다.

인도 올 때마다 밤에 도착했었는데, 한낮의 인도 공항이 낯설게 느껴졌다. 인도에서 대기시간이 20시간이라서 우리는 공항 밖으로 나가 숙소에서 휴식을 취하기로 했다. 숙소로 가는 과정은 쉽지 않았다. 준하의 닳아버린 지문 때문에 입국 절차가 지연되었고, 공항철도에서는 우리 팀 여성을 몰래 사진 찍으려던 인도인을 잡는 일이 벌어지기도 했다. 뉴델리역에서 보안검색대를 지나가다가 소매치기를 당할 뻔한 일도 발생을 하니 우리 모두의 신경이 예민해졌다. 특히 인도에서는 내가 인솔을 해야 하기 때문에 더욱 신경이 곤두섰다. 그래서 대원들의 의견과 장난에 예민하게 반응하여 대장님께 지적받았다. 이제 첫날이니까 괜찮다는 핑계는 하지 않고 기꺼이 도움을 줄 수 있는 사람이 되자고 생각했다.

숙소에 도착하고 미리 알아 둔 식당에서 인도 음식을 먹었다. 맛있게 먹는 대원들의 모습을 보니 네팔 음식도 잘 맞을 것 같다는 느낌이 들었다. 인도 거리를 걷고 싶었지만 새로운 코로나 변이가 인도에서 생겨났고 치안이 위험해서 바로 숙소로 돌아왔다. 내일이면 네팔에 간다. 네팔까지 가는 길까지 아무 사고도 일어나지 않기를 바라며…….

Day 2 눈물이 앞을 가린다

인도 델리공항 ~ 카투만두

이승은

숙소를 나와 인도 공항으로 다시 갔다. 철저한 보안 검사를 통과하고 비행기에 탑승, 우린 네팔에 도착했다. 네팔에 도착 후 비자 발급이 필요해서 대원들에게 100달러씩을 주고 각자 비자 발급을 받은 후 거스름돈 50달러를 가져오라고 했는데, 거스름돈이 달러가 아닌 네팔 루피였다. 회계 담당인 나는 계산이 복잡해져서 머리가 아팠다.

카트만두 공항을 나와 우리가 머물게 될 숙소를 향해 갔다. 숙소에 도착 후 트레킹 대행사 사장님의 브리핑이 있었다. 해발 4,000m가 넘는 고산을

가기에 고산병에 대한 부분과 무스탕 지역에서 돈을 사용할 때 그에 따른 회계 처리 방법들을 설명해 주었다. 나는 회계와 의료 2가지의 역할을 담당하고 있어 브리핑할 때 집중해서 들었다. 나에게 있어 첫 고산이고 9명의 대원 대부분이 처음으로 고산지대에 가기에 고산병에 대한 두려움이 있었지만, 사장님 말씀 덕분에 어느 정도 두려움이 해소되었다.

고산병은 사람마다 증상이 다르고 딱히 치료제가 없다고 한다. 대장님은 인위적인 약보다는 고도에 적응을 잘해서 고산병까지 가지 않게 하는 것이 최우선이라고 하셨다. 두통이 심할 때 복용할 타이레놀만 사용하기로 하고 약 사용을 최소화할 계획을 세웠다.

다시 회계 담당으로, 환전해야 하는 중요한 업무가 남았다. 지급받은 달러를 네팔 루피로 바꾸는 일이다. 처음 보는 거액의 달러와 네팔 루피들 때

문에 긴장을 한 탓인지 환전을 할 때 실수가 잦았고 비자를 발급받을 때 루피로 환전해서 받은 탓에 미리 세운 예산안에서 얼마만큼 남기고, 사용해야 하는지 계산이 복잡했다. 다행히 회계학 교수인 지도위원님 도움을 받아 우여곡절 끝에 환전을 마무리 지을 수 있었다.

저녁 식사를 하고 네팔 루피 단위로 첫 지출을 했다. 지출한 즉시 노트와 휴대전화에 얼마만큼 지출했는지 메모했고 국내로 돌아와 지출 증빙 서류가 될 영수증을 영수증 파우치에 넣어두었다. 다사다난했던 하루가 지나고 우리는 피드백 회의에 들어갔다. 인도에서 네팔로 넘어오며 크고 작은 사건들이 잦았던 탓에 피드백을 진행하며 눈물을 흘렸다. 회계에 대한 불안감이 컸던 탓이다. 낯선 환경에서 처음 해보는 회계 업무에 아직은 불안감이 크지만, 애정을 가지고 열심히 하다 보면 18일간의 탐사 동안 불안감은 사라지고 자신감이 붙을 거라고 확신한다.

Day 3 밤샘 카고 정리

네팔 카투만두 체류

강승일

네팔에서 2일 차!

어젯밤 늦게까지 카고백 정리와 짐 패킹 작업을 했다. 당나귀 한 마리에 카고백을 2개씩 실을 수 있고 무게는 45kg을 넘기면 안 된다. 우리는 혹시 모를 변수에 대비해 당나귀 마릿수를 줄이는 쪽으로 했다. 짐이 가벼운 대원 둘이 짐을 합쳐 카고백 한 개에 꾸렸다. 우리의 계획은 카고백 8개, 당나귀 4마리를 준비하는 것이었다. 하지만 에이전트 담당자가 와서 마부가 그렇게는 하지 않겠다고 해서 결국 당나귀는 6마리, 우리 카고백을 12개로 짐을 다시 분산했다. 대원 7명과 지도위원님, 대장님 포함 총 9개의 카고백과 나머지 식량, 공용장비 등등으로 3개 카고백을 채웠다.

점심 식사는 네팔식 칼국수와 수제비를 먹었다. 식사하면서 네팔 술을 살짝 맛보았다. 고소한 느낌도 들고 뜨끈한 술이다 보니 마셨을 때 속이 따뜻해지는 느낌도 들었다. 하지만, 그 술을 많이 마셨던 분들은 다음날 설사와 복통으로 고생했다. 평소에 술을 즐기는 나였지만 그때 술을 많이 마시질 않아서 천만다행이었다.

점심 먹은 뒤엔 추가로 물품들을 샀다. 사실 새로 구입한 것들 모두 한국에서 준비한 것들이었지만 건전지 같은 경우 공항에서 반납했고 그 외 테이프나 본드 등 몇 가지는 카고백을 확인했을 때 없었다. 그때 많이 당황하기도 했는데 탐사 시작 전 카트만두에서 살 수 있었다.

저녁은 한식당에서 김치찌개, 된장찌개를 먹었다. 한국을 떠난 지 며칠 안 되었지만, 우리나라에서 먼 타지에 와서 한국의 맛을 조금이나마 느낄 수 있어 행복했다. 해외여행을 좋아해 여러 나라를 많이 돌아다녀 봤지만,

항상 어머니의 된장찌개가 가장 생각이 나는 거 같다. 한국 돌아가면 김치찌개 해달라고 어머니께 미리 말씀드려 놓았다.

다시 숙소로 돌아와 모두가 잠을 청하러 올라갔을 때 나는 가람이와 마지막으로 카고백의 무게, 그리고 각 카고백에 들어있는 물품들을 확인하고 카고백 옆에 손바닥만 한 종이로 정리하는 작업을 했다. 내일이면 카트만두를 떠나 탐사에 조금 더 가까워진다. 항상 긴장을 늦추지 말고 탐사에 집중하도록 하자!

Day 4 15시간, 지옥의 버스 탑승기

카투만두 ~ 따또바니

임채린

네팔에서 포카라를 지나 무스탕으로 향하던 버스는 나의 부대장직을 위협할 정도로 험난했다. 새벽 5시 30분 우리는 25인승 버스에 차례로 몸을 실었다. 차량 멀미가 심한 나는 약을 챙겨 먹고 대원들의 배려로 맨 앞자리에 앉았다. 몬순 기간이었던 네팔은 산사태가 비일비재하다는 키숄의 말을 실감하지 못했다. 카트만두를 벗어나 포카라를 지나는 동안에는 길이 잘 포장되어 있기도 했고 모래 먼지는 각오하고 왔던 부분이기에 나름 수월하다고 느꼈다. 해가 뜨고 주변 풍경이 보이기 시작할 즈음 네팔의 자연경관

에 놀라기도 하고 지나쳐가는 마을 모습을 보며 대장님과 생각을 나누기도 했다. 방글라데시에 봉사활동을 다녀온 때가 생각나기도 하고 묘한 기분을 간직한 채 도로를 계속 달렸다. 그렇게 한참을 달리다가 포카라 외곽에 있는 식당에서 달밧으로 식사를 해결했다.

우리가 탄 버스는 산길로 접어들고 길은 질척이기 시작했다. 버스는 생각보다 심하게 흔들리기 시작하고, 내 몸은 차의 리듬에 맞춰 이리저리로 흔들리고 부딪혔다. 버스 바퀴와 절벽사이가 1m 거리도 용납하지 않을 정도로 길이 협소하고 열악했다. 그때부터였을까, 나의 몸은 열이 나며 주체할 수 없을 정도로 잠이 쏟아졌다. 새벽에 잠을 설친 탓도 있었을 테고, 점심을 먹은 게 체한 것인지 속이 더부룩하고 불편했다. 옆자리에 두었던 배낭에 몸을 기댔다. 사실 시간이 어떻게 지났는지도 모를 정도로 나는 기절했다는 표현이 어울렸다. 그러던 중 문제가 발생했다. 차량의 바퀴가 진흙에 빠져서 빠져나오지를 못하고 있었다. 기사님이 침착함을 유지하고 여러 차례 후진을 시도했지만, 생각보다 쉽지 않았다. 진흙에서 빠져나오기를 40분이나 걸렸다. 알고 보니 외길에서 맞은편 차량을 비켜주느라 바퀴가 빠진 것이었다. 버스는 다시 출발했고 장장 15시간이라는 긴 시간을 달려 따또바니에 도착했다.

해가 지고 비가 내렸다. 나는 어지럽고 메스꺼운 몸을 이끌고 짐을 챙겼다. 도저히 밥을 먹을 수 없을 것 같아 누룽지를 택했고, 한국에서 챙겨간 엄마의 밑반찬 힘을 빌려 꾸역꾸역 먹었다. 그날 밤 나는 침대에서 땀을 뻘뻘 흘리며 힘들어했다고 한다. 대장님이 오셔서 이불과 옷가지들을 더 덮어주셨고, 의료 담당인 승은이가 이마에 해열 패치를 붙여 주었다. 타지에서 아플 때 챙겨줄 수 있는 사람이 함께한다는 것이 이렇게 든든한 일이라는 걸 새삼 깨달았다.

오늘 걱정을 많이 했다. 이 몸을 이끌고 탐사를 진행할 수 있을지, 부대장으로서 역할을 잘 할 수 있을지에 대한 고민을 많이 했다. 하지만 이런 걱정이 무슨 소용일까 싶어 빨리 회복하는 것이 최선이라고 다짐하고 몸 챙기는 것에 집중했다.

우리 꼭 다 함께 완주하고, 한국으로 귀국하자.

Day 5

20시간의 버스 여행 완료

따또바니 ~ 좀솜

송준하

드디어 좀솜에 도착했다. 모래바람이 불기 시작했고 무스탕에 들어선 느낌이다. 버스를 타고 오면서 한국에서는 볼 수 없었던 광활한 자연을 바라보며 엄청난 규모에 압도당했다. 무스탕은 느낌이 완전히 달랐다. 마치 엄청나게 거대한 산이 공사를 하고 있는 느낌이다. 산은 산이지만 나무 한 그루도 없는 돌산이 웅장하게 펼쳐졌다.

따또바니부터 좀솜까지 하루 만에 고도를 1,000m 넘게 올리면서 지도위원님과 채린이 누나, 창혁이 형이 힘들어했다. 재석이 형 말로는 과거 트

레킹 때 3,400m에서부터 고산 증세가 나타났다고 했는데 3,000m를 올라 봐야 알겠지만 나는 아직 컨디션이 괜찮다. 고소에 적응을 잘하는 체질일 수도 있다고 생각했다. 그러나 자만과 방심은 금물이다. 언제 어디서 고산병이 올지 모르기 때문에 항상 조심하고 조심해야 한다.

가이드 키숍, 모던과 함께 물품을 구매하러 갔다. 카라반 모자를 잃어버린 승일이 형의 모자를 샀고 본드, 감자, 양파 등을 샀다. 키숍의 도움으로 감자 3kg을 50루피를 깎아서 250루피에 샀다. 양파는 좀솜 밖으로 나가서 상태가 좋은 양파를 구할 수 있었다.

숙소에 돌아와서 저녁 시간까지 시간이 꽤 많이 남아 우리는 보드게임을 하며 시간을 보냈다. 원카드, 화투를 하며 각자 시간을 보내다가 다 같이 모여 마피아 게임을 했다. 마피아 게임을 할 때마다 몇 명이 정해진 룰을 지키

지 않고 말을 듣지 않는 사람이 생겨 게임이 제대로 진행되지 않는 경우가 많았다. 이번에도 마피아 게임에 큰 기대는 하지 않았다. 그런데 가졌던 생각과 달리 우리 대원들 모두 룰을 잘 지켜가며 열심히 참여해서 즐겁게 즐길 수 있었다. 첫 번째 게임에서 나와 승은 누나가 마피아로 지목되었다. 나의 엄청난 발 연기와 이상한 표정 연기 때문에 첫 턴에 내가 죽고 말았고 결국 승은 누나 혼자 고전을 하다가 게임이 금방 끝나버렸다. 이후에는 재석이형과 채린 누나, 지도위원님과 가람이가 마피아를 하며 게임을 계속했다. 게임에 푹 빠져 저녁 식사를 하는 시간이 오는지도 모른 채 계속해서 놀았다.

저녁 식사 시간이다. 몸이 좋지 않은 지도위원님, 채린 누나, 창혁이 형은 수프를 먹었고, 우리는 볶음밥, 달밧, 카레맛 뗀뚝으로 식사했다. 그리고 다 같이 모여 이전 추억들을 돌이켜보는 시간을 가졌다.

트레킹 시작 첫날부터 웅장한 풍경이 나를 반겨준 하루였다. 이보다 더 많은 것을 볼 수 있다는 키숄의 말을 전적으로 믿으며 내일과 모레, 그리고 이후의 날들을 기대해 본다.

Day 6 드디어 첫 트레킹이다!

좀솜 ~ 에클로바티 ~ 카그베니 / 9.8km

김가람

오늘은 첫 트레킹 날, 기대되는 마음과 걱정되는 두 마음과 함께 탐사를 시작한다. 이틀 동안 장시간 버스를 타고 이동하는 바람에 아픈 사람들이 많았고 승일 오빠가 카고백을 정리하는 시간에 맞춰서 나오지 않아 지적받았다.

삐걱거리던 준비를 뒤로하고 운행을 시작했다. 운행 중 물이 흐르는 계곡을 지나가야 하는 상황에 마주쳤다. 계곡은 마치 거대한 나무줄기같이 이리저리 뻗어있다. 목적지로 가기 위해선 계곡을 지나야 해서 대장님과

가이드 키숄이 먼저 앞장서서 길을 확보했고 덕분에 안전하게 길을 건널 수 있었다. 그러나 내가 건너면서 발이 물에 빠졌다. 다행히 등산화 방수 기능 덕에 발이 젖지는 않았다. 좋은 등산화의 중요성을 느꼈다.

점심시간에 카그베니에 도착했고 짐을 정리하고 라면을 끓여 먹기로 했다. 항상 안전하게 음식을 조리하는 준하 오빠인데 오랜만에 사용해서인지, 고산에서 스토브를 사용하는 건 처음이라서 그런지 가스를 흘렸고 가스에 불이 붙어 엄청난 불길이 일어났다. 다행히 지도위원님이 그 자리에 계셨고 다들 신속하게 불을 껐다. 우여곡절 끝에 라면을 끓였고 몇 명은 몸 상태가 좋지 않아 잘 먹지 못했다.

카그베니 사원을 둘러봤다. 처음 보는 아주 오래된 절의 모습에 눈을 뗄 수 없었지만, 해가 구름에 가리고 바람이 불면서 점점 몸이 으슬으슬 떨렸

다. 관광을 마치고 숙소로 돌아가는 길에 계곡이 가로막고 있어서 바지를 걷고 지나가려 했지만, 물이 너무 차갑고 물살이 강해 감기 걱정도 되고 위험하기도 해서 계곡을 피해 조금 먼 거리로 돌아서 갔다. 가는 길에 운행 중에 먹을 행동식과 음료도 샀다.

채린 언니와 승은 언니는 대장님과 1층에서 미팅을 하고, 나는 먼저 방으로 올라가 침대에 누웠다. 열이 점점 심해졌다. 몸이 아프니 가족들도 그립고 낯선 곳이 아직 익숙하지도 않고, 혼자 아픔을 삼키려 하니 슬픔이 밀려왔다.

저녁 식사는 야크 고기로 만든 볶음 요리를 먹었다. 맛있는데 몸이 안 좋아 조금밖에 못 먹었다. 식사를 마치고 피드백 회의를 진행했다. 피드백 회의는 서로 속상한 점이나 개선해야 할 점을 알 수 있다는 점에서 좋다고 생각한다, 그러나 자칫 말의 의도가 잘못 받아들여져 오해의 소지가 발생하지 않게 많이 생각하고 말을 해야 한다. 무스탕에서 첫날이 지났다. 갈등이 일어나거나 다치는 사람이 생기지 않고 안전하게 운행을 마칠 수 있어서 정말 다행이다.

Day 7 돌 vs 돌

카그베니 ~ 탕베 ~ 추상 ~ 첼레 / 14km

변창혁

트레킹 2일 차, 카그베니에서 첼레까지 이동하는 날이다. 카그베니에서 출발해 탕베에서 차를 마시고 추상에서 점심을 먹고 첼레에 도착하는 일정이다. 가람이가 유독 컨디션이 좋지 않다. 어제부터 몸이 안 좋더니 아침에 고열에 몸살 증상에 장까지 좋지 않다고 한다. 게다가 오늘은 대장님 이하 모든 분의 지원 없이 온전히 대원들끼리 운행하는 날이기에 운행 담당인 나는 여러 가지 생각할 것이 많았다.

쉽지 않을 것 같은 길을 예상하고 운행을 시작했다. 걱정했던 바와 같이

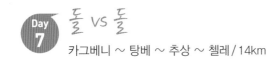

운행하면서 가람이의 컨디션이 더 안 좋아졌다. 아침에 먹은 약 기운에 의한 졸음, 고열, 몸살 증세에 한 발 한 발 내딛기가 힘들어 보였다. 대원들이 합심해 응원하고 가방을 들어주는 등 트레킹을 이어 나갔다. 팀워크가 더욱 단단해졌지만, 시간이 2시간 이상 지체되어 대장님과 지도위원님이 다시 합류했다.

탕베에서 점심을 먹고 다 같이 운행하며 지체된 시간을 조금씩 단축하고 추상을 거쳐 첼레로 가는 길이었다. 탐사 내에서 이런 대원들의 개개인 컨디션 이상, 고산증세를 제외하고는 큰 위험이 없을 줄 알았다. 산사태로 인해 유실된 길을 피해 벽으로 붙어서 가는 순간, 앞에 지도위원님이 "낙석! 낙석!"이라고 외치시면서 뒤로 가라는 손짓을 하고 계셨다. 선두에 있던 나는 바로 도망치고 싶었지만, 대원들 모두 처음 겪는 상황이라 당황해 움직

이지 않았다. 짧은 찰나 많은 생각이 들었다. 바로 뒤에 있던 가람이 역시 당황한 것을 보고 가람이를 감싸 보호했다. 결국에는 내 머리에 돌이 떨어져 맞게 되었다. 순간 머리가 띵해 놀랐다. 혹이 조금 나고 경미한 찰과상이 있었지만 큰 부상은 아니었다. 하지만, 돌과 돌 대결의 승자는 나였다. 다행히 가람이를 포함해 다른 대원들은 다치지 않았다. 탐사 내 위험 요소 중 가장 큰 것은 고산병보다 낙석이 될 수도 있겠다는 생각이 많이 들었다. 그렇게 1시간 가량 운행을 한 뒤 목적지에 도착했다. 목적지에 도착해서 처음으로 가람이의 배낭에 적혀 있는 문구를 봤다. '아프지 말자. 못해도 괜찮아 포기하지만 말자' 더욱 성장한 가람이의 뒷모습이었다.

Day 8 아프지 말자 재석아

칠레 ~ 사마르 ~ 벤하 ~ 상보체 / 17km

조재석

어제 눕자마자 잠에 빠졌다. 그동안의 피로가 쌓여 어제 폭발한 것 같다. 잠잘 때 대장님이 내려간 침낭을 올려주신 것과 대원들이 이야기하는 걸 들은 기억이 드문드문 나는데 그 기억들이 꿈인지 현실인지 분간이 안 된다. 이때부터 고산증세가 시작된 것 같다. 알람 없이도 일찍 일어나는데 오늘은 지도위원님이 깨우기 전까지 일어나지를 못했다. 컨디션 조절의 중요성을 크게 느낀 아침이다. 다들 일찍 일어나고 미리 준비한 덕분에 어제보다 더 여유롭게 카고백을 정리할 수 있었다.

아침 식사는 밀가루 반죽을 구운 짜파티를 먹었다. 밀가루 맛 밖에 아무 맛도 안 나는 짜파티의 맛이 내게는 맞지 않는 것 같다. 남길 수 없으니 억지로 꾸역꾸역 먹었다.

오늘은 무려 800m를 오르는 날이다. 현재 고도가 3,000m가 넘어서 400m를 오르는 것도 고소 때문에 조심해야 한다고 들었는데 오늘 하루 800m 고도를 올린다는 계획을 듣고 고산증이 오지 않을까 내심 걱정되었다. 길은 힘든 구간 없이 완만한 오르막을 오르는 무난한 구간이었다. 사마르에 도착해서 잠시 쉬어간다. 그곳에서 허브차를 마셨는데 가공된 허브가 아닌 롯지 앞 텃밭에서 재배한 생 허브를 우려 만든 차라 그런지 더욱 맛있었다. 따뜻하게 몸을 녹이고 다시 운행을 시작했다.

베나에서 점심을 먹고 출발하면서 슬슬 고산 증세가 나타나기 시작했다.

두통이 심해지면서 동시에 졸음이 쏟아졌다. 운행을 멈출 수는 없기에 대원들과 대화하며 고산 증세를 이겨내려고 노력했다. 다행히 샹보첸에 도착할 때까지 운행에 지장을 줄 정도로 고산 증세가 나타나지 않았다.

숙소에 도착한 뒤 짐을 풀고 나니 고산 증세가 너무 심해졌다. 어지럼증과 졸음, 두통이 너무 심해 가만히 앉아 있기도 힘들고 계속 잠에 빠졌다. 과거 EBC 트레킹을 할 때는 타이레놀을 먹고 잠시 잠을 자면 고산 증세가 덜했는데 이번 탐사에서는 단체가 함께 움직여야 하므로 개인적인 컨디션 조절을 잘 못해서 고산증이 더 심해진 것 같다. 신기하게도 고산증세가 남자 대원에게만 나타났다. 여자 대원들은 약간의 어지럼증이나 두통만 있을 뿐 그렇게 큰 증상은 없었는데 남자 대원들만 나와 비슷한 증상 때문에 많이 힘들어했다. 근육이 많을수록 고산증이 잘 온다는 말이 맞는 것 같기도 하다.

아프면 안 된다. 절대 아파선 안 된다. 다른 대원들에게 모범을 보이기 위해선 건강해야 한다. 오늘 꼭 회복하고 내일 다시 힘을 내야겠다. 아프지 말자 재석아.

Day 9 허허벌판에도 꽃은 핀다!

상보체 ~ 충가르 ~ 거미 ~ 닥마르 / 16km

조재석

어제 나를 괴롭히던 고산증은 다행히 자고 일어나니 많이 나았다. 빠르게 움직이거나 힘을 줄 때 머리가 띵한 것 말고는 별다른 증세가 있지는 않다. 5시에 일어나 빠르게 짐 준비를 마치고 아침을 먹었다. 오늘 아침도 짜파티를 먹었다. 아무리 먹어도 내 입맛에 안 맞는다. 오늘도 남길 수 없어서 꾸역꾸역 입에 넣었다.

출발 전에 채린 누나가 입구에서 넘어졌는데 다치지 않아서 다행이었다. 오늘 운행구간은 시작부터 힘들지는 않아서 다행이다. 일단 고산증세의 파도가 이미 지나서 체력적으로 덜 지쳤고, 길도 험하지 않아서 좋았다. 덕분에 풍경을 바라보는 여유가 생겼다.

충가르에 들려 밀크티를 마시며 휴식을 취했다. 그동안 배탈 걱정 때문에 밀크티를 마시지 못했는데 오랜만에 마실 수 있어 좋았다. 밀크티는 금방 짠 우유를 사용해서 그런지 더 맛있었다. 키숄이 현지 과일을 줘서 먹어보았다. 작은 자두 같았는데 은은한 단맛과 향기 덕분에 맛있게 먹었다. 탐사 동안 볶음밥과 같은 기름진 음식만 먹어 새콤한 음식이 당길 때가 많았는데 덕분에 소원성취를 한 기분이다.

다시 운행을 시작하며 걷는 길은 과거 에베레스트 베이스캠프에서 보았던 풍경과 아주 비슷했다. 황량한 허허벌판에서 낭떠러지를 옆에 끼고 걷는 그런 풍경을 바라보며 과거를 추억하다 보니 고도 4,000m를 넘겼다. 이 고도에서도 고산 증세가 심해지거나 하지 않았다.

개미 마을에서 점심을 먹었다. 볶음밥으로 식사하고 대원들이 자고 있을 때 밖에 나와 식당 주인이 심어놓은 꽃을 구경했다. '할리멘도'라는 이름의 꽃을 중심으로 다양한 색깔을 뽐내고 있는 꽃들이 예쁘게 피어있다. 승은, 가람이와 함께 꽃을 구경하며 사진을 많이 찍었다.

행복한 휴식 시간이 끝나고 다시 출발.

개미 마을에서 다시 오르막을 걸어야 해서 걱정되었는데 다행히 오르막이 길지 않았다. 곧 닥마르에 도착했다. 대장님이 텐트를 치고 몇 명은 텐트에서 잠을 자자고 했는데 내기를 해서 우리 남자팀이 걸리게 되어 텐트에서 자게 되었다. 텐트에 잠을 자는 것이 싫었는데 막상 텐트에서 대장님과 대원들과 이야기를 나누고 노니 텐트에서 자기를 잘했다는 생각이 들었다. 이제 로만탕까지 얼마 남지 않았다. 대원 몇 명이 아프지만 더 이상 아픈 대원 없이 로만탕에 도착했으면 좋겠다.

Day 10 새로운 즐거움 요리하는 DNA

닥마르 ~ 짜장 / 6.7km

송준하

오늘로 탐사 10일 차에 접어들었다. 무스탕 지역에 들어온 지 어느덧 5일이 지났고 씻지 못한 지도 5일이나 되었다. 어제 텐트에서 잤기 때문에 텐트 철거 시간도 필요하고 오늘 운행 시간도 짧아서 대장님의 배려로 기상 시간이 6시 30분으로 늦춰졌다. 그러나 사람이란 생물은 참 이상하다. 아침에 기상 시간을 늦추면 오히려 일찍 눈이 떠진다. 우리는 6시에 일어나 롯지에서 자는 대원들 몰래 대장님, 지도위원님과 커피 마시는 시간을 가진 후 텐트를 철수해 롯지로 이동했다. 롯지에서 개인 짐을 정리하고, 남은 시간 동

안 롯지 주방을 구경했다. 주방을 구경하면서 조식으로 커리를 준비하는 가이드 키숄의 커리 레시피를 알아낼 수 있었다. 아침 식사로 우리는 밀가루 반죽을 넓게 펴 기름에 튀긴 요리인 티베티안 브레드와 키숄이 만들어 준 커리를 먹었다. 두 음식 모두 내 입맛에 잘 맞아 한국에 돌아가서 한번 해보고 싶었다.

준비운동을 하고 9시에 출발했다. 오늘 운행은 닥마르 앞 적벽을 넘은 다음 3,500m에 위치한 짜랑까지 간다. 지금까지의 운행과 비교하면 비교적 짧은 거리의 쉬운 운행이다. 적벽을 넘으면서 해발고도는 4,000m를 넘겼다. 4,000m 고도에 도착하니 지독한 고산 증세가 두통으로 찾아와 내 머리를 강타했다. 매우 힘들었지만, 내리막길에서 고도가 낮아지니 두통이 많이 가라앉았다.

비교적 짧은 운행 거리였기 때문에 12시쯤에 목적지인 짜랑에 도착했다. 이른 시간에 도착해서 우리는 오랜만에 옷을 손세탁하고 침낭을 햇볕에 말리며 정비 시간을 가졌다. 실수로 빨래를 유리섬유로 만든 창문에 널어서 유리섬유가 약간 묻긴 했지만 그래도 따스한 햇볕에 눅눅했던 옷들은 금방 뽀송뽀송해졌다.

점심 식사 후 우리 탐사대를 후원해 주신 분들께 감사의 편지를 쓰고 마을 구경에 나섰다. 역사가 700년이 된 사원과 왕궁에 들렀다. 승려가 되려고 준비 중인 어린 나이의 동자승들이 뛰어놀고 있다. 왕궁을 둘러보는데 왕궁을 설계한 건축가의 잘린 손이 있다. 다시는 이런 왕궁을 설계하지 못하도록 잘랐다고 한다. 왕궁을 구경하는데 신기한 것이 많았지만, 한편으론 제대로 관리가 되지 않고 부서지고 있는 것들이 있어 역사적·문화적으

로 중요한 유적이 사라져가는 모습에 가슴이 아팠다. 롯지로 돌아와 저녁 식사 준비를 했다. 어김없이 나는 롯지 주방으로 들어가 주방 일을 돕고 아픈 대원들을 위해 누룽지를 준비했다. 나의 이런 모습을 보고 결혼해서 짜랑에서 살아도 되겠다고 장난 섞인 말씀을 하셨다. 트레킹 5일 차, 짜랑의 롯지에서 즐거움을 찾았다. 롯지 주방 일을 돕는 것이 재밌고 배울 점이 많은 것 같다. 남은 탐사 기간에도 주방 일을 계속 도우면서 나만의 즐거움을 찾아야겠다.

Day 11 대장님의 감동 이벤트

짜랑 ~ 로만탕 / 13km

이승은

우리의 1차 목표, 무스탕의 수도 로만탕으로 향하는 날이다. 운행 시작 후 아침까지만 해도 좋은 컨디션을 유지했지만 더운 날씨 탓인지 계속 걷다 보니 기운이 빠졌다. 지친 우리를 보자 지도위원님이 탐사 전 현지 식당에서 챙겨 오신 네팔 매운 고추를 먹어보라고 권유하셨다. 네팔 고추는 작지만 강렬하다. 고추를 먹은 대원들은 맵지만 하나같이 '기분 좋은 매운맛'이라고 먹어보라 했다. 대원들의 말을 믿고 고추를 먹었더니 나에게는 너무나도 강렬한 매운맛이기에 눈물 콧물 다 흘렸다. 갑자기 매운 것을 먹은

탓에 운행 도중에 속도 아프고 배가 아파서 기운이 더욱 빠졌다. 나중에 탄산을 뺀 사이다를 마셨더니 속도 가라앉고 한층 나아진 상태로 운행을 지속할 수 있었다.

로만탕에 도착했다. 무스탕은 네팔에 속해 있으나 네팔 정부로부터 행정적 자치를 허용받은 왕국이다. 로만탕에 무스탕 왕궁이 있다. 로만탕에 도착하니 '무스탕 왕국에 오신 것을 환영합니다'라고 써 놓은 큰 관문이 우리를 반갑게 맞았다.

숙소까지 걸어가며 우리가 지나왔던 닥마르와 짜랑 마을과 별다르지 않다고 생각했는데 왕궁 주변 광장에 들어서자 마치 레미제라블 영화의 한 장면인 듯 오랜 과거에 머물러있는 듯한 아름다운 모습이 펼쳐졌다. 마침 축제 기간이라 마을 사람들이 광장에 둘러앉아 차도 마시고 노래도 불러

정겨운 느낌을 받았다.

오늘은 대장님께서 두 가지 이벤트를 준비해 주셨다. 그 하나가 따뜻한 물에서 샤워하는 것이다. 고산 적응을 위해 6일 동안 씻지 못한 우리에게 샤워는 정말 큰 선물이었다. 잊지 못할 꿈만 같은 샤워를 했다. 오지탐사대가 아니었으면 몰랐을 물의 소중함, 그리고 씻는다는 행복을 느낄 수 있었다. 대장님의 두 번째 이벤트는 수고한 대원들을 위한 저녁 만찬이다. 치킨과 돼지고기볶음이 만찬 메뉴이다. 회계 담당인 나와 부대장 채린 언니, 식량 담당인 준하 그리고 대장님 총 4명이 나머지 대원들의 서프라이즈 만찬을 위해 로만탕 광장으로 나가서 식재료를 구해왔다. 요리사 준하가 돼지고기볶음 요리를 도와줬다. 기대했던 만큼 대원들은 기뻐했고 우리는 서로를 격려하며 즐거운 저녁 식사를 했다.

저녁 식사 후 로만탕을 구경할 수 있는 시간이 주어졌고 이 시간에 탐사기간 동안 머리카락이 길어진 재석 오빠는 로만탕 미용실에 가서 네팔 스타일로 이발을 했다. 음료수 페트병을 개조해 만든 분무기부터 열악한 환경의 미용실이지만. 이발을 마친 재석 오빠의 헤어스타일을 보니 디자이너의 미용 솜씨는 대단했다. 우리는 광장을 돌아다니며 남은 하루를 즐겼다.

Day 12

종이비행기와 무스탕, 그리고 역사

로만탕(문화교류)

임채린

우리 탐사대는 스케치북, 축구공 및 각종 선물을 가득 손에 들고 로만탕에 있는 학교를 방문했다. 학교는 28명의 재학생과 5명 정도의 교사가 있다. 무스탕의 각 지역에서 가정 형편이 어려운 어린이들을 위해 교육과 보육을 지원하는 학교이다. 교장 선생님은 큰 학교도 아닌 작은 학교에 와주어서 너무나도 고맙다며 몇 번 인사했다. 처음 만나는 우리를 어색해했고 우리 역시 아이들과 친해지려고 얼굴에 미소를 잃지 않으려고 노력했다.

다이닝룸에 모여 우리 소개를 마치고 재석이를 메인으로 아이들과 함께

종이비행기 접기를 진행했다. 크레파스로 하얀 종이비행기에 그림도 그렸다. 나는 아이들의 모습을 사진과 영상으로 남기려고 가까이 다가갔다. 한 아이가 나를 향해 계속 고개를 올렸다 내렸다 하는 시선을 느꼈다. 이유가 궁금해서 다가갔더니 내 모자에 붙어 있던 태극기 패치를 보고 따라 그리고 있었다. 편하게 보라고 모자를 벗어 주었다. 어떤 아이는 본인의 이름이라며 글자를 보여주고 읽어 주었다. 아이들은 각자 좋아하는 색으로 비행기를 다양하게 꾸몄다. 그렇게 알록달록한 비행기가 완성되고, 우린 아이들의 자연 운동장, 넓은 공터로 갔다. '비행기 날리기 대회'를 처음 해보는 아이들은 수줍어하면서도 적극 참여했다.

자유 시간에는 삼삼오오 모여 노래를 부르고 손유희도 배우고, 아이패드에 그림을 그리며 깔깔 웃기도 했다. 탐사 내내 우리의 주제곡이었던 네팔

의 민요 '레쌈 삐리리'를 다 같이 불렀다. 아이들은 답례로 전통춤과 노래를 들려주었다. 그 정성과 순수한 마음이 참 고마웠다. 한 아이와 손을 잡고 걷다가 꿈을 물었다. 그 아이는 미국에 가고 싶다고 했다. 나는 꼭 한국에도 오면 좋겠다고 말했다.

아이들 점심 식사를 준비하고 있던 준하가 우리를 맞아주었다. 짜장밥을 준비했는데 검은 음식을 바라보는 아이들의 미심쩍은 눈빛에 약간 당황했다. 처음 보는 검은 음식이 불편했는지 받지 않으려는 아이들도 있었고, 남기는 아이들도 많았다. 그래도 함께 했던 시간이 좋은 기억으로 남기를 바라며, 언젠가 다시 만나는 날이 오기를 기약하며 발걸음을 돌렸다.

오후엔 동굴과 사원을 탐사하기 위해 지프를 타고 움직였다. 가족을 지키기 위해 거대한 벽에 구멍을 내며 파고들어가 이렇게 높고 큰 동굴을 만들었다니 지금은 먼지만 뿌옇게 앉은 그 현장이 참 묘했다. 이제는 동굴에 숨어 살지 않아도 되어 다행이었겠다 생각이 들면서 그래도 이런 의미 있는 곳을 그냥 방치하는 것이 역사를 기억하는 이들의 올바른 자세인지에 대한 의문이 들었다. 700년 역사를 지닌 사원과 왕궁도 둘러보면서 역시 관리가 되고 있지않다는 생각을 했다.

우리 탐사의 주 이벤트가 끝이 났다, 탐사 일정이 절반이 지난 지금, 하산하는 일정만이 우리를 기다리고 있다. 목표지점에 도착할 때까지 다치지 않고 안전하게 가자!

Day 13 나도 찾고 싶다, 암모나이트

로만탕 ~ 디 ~ 아라 / 15km

이승은

로만탕에서 디를 지나 아라로 가는 날이다. 로만탕에서 아라까지 가는 길은 무스탕에서 가장 아름다운 풍경이 이어지는 곳이라고 한다. 우리는 아름다운 풍경을 보며 대원들끼리 이야기를 하며 걸었다. 대원들의 라디오 같은 재미있는 이야기 덕분인지 고도 4,120m를 넘어도 힘들지 않았다. 하지만 어제 하루 로만탕에서 체류하며 걷지 않았던 탓인지 피곤이 급격하게 몰려와서 점심 식사 전 모든 대원이 벽에 기대어 잠시 낮잠을 잤다.

디에서 오늘의 목적지인 아라에 가는 길은 강물이 흘렀던 곳이다. 무스탕은 바다 밑에 있던 지층이 급속하게 융기해 형성된 지형이다. 그래서 탐

사하며 바다에서나 계곡에서 볼 수 있는 매끄럽고 작은 조약돌이 쌓여 있는 모습을 많이 볼 수 있었다. 바다가 융기된 지형이라서 암모나이트가 많이 발견된다고 한다. 우리는 강가 옆을 걸으며 혹시나 암모나이트가 있을까 싶어 대원 모두가 고개를 숙이고 발밑에 있는 돌들 사이에서 암모나이트를 찾겠다는 각오로 길을 살피며 걸었다. 얼마 지나지 않아 '찾았다'라고 누군가 소리쳤다. 지도위원님이 암모나이트를 발견하였다. 지도위원님이 주운 암모나이트를 보니 일반 돌보다 까맣고 동그랗고 무늬가 있었다. 지도위원님을 시작으로 막내 가람이도 암모나이트 찾았고 나 빼고 모든 대원이 암모나이트를 발견했다. 나는 계속 주위를 둘러보며 시선을 오직 발밑에만 고정하고 걸어도 결국 암모나이트를 발견하지 못했다. 대원들이 암모나이트를 나눠주었지만, 나는 직접 암모나이트를 찾고 싶었다. 다행히도 돌무더기 사이에서 암모나이트를 찾았고 내가 찾은 암모나이트를 엄마에게 보여줄 생각에 신이 났다.

로만탕에서 추상까지 하산길은 내리막이 아니고 우리가 지금까지 걸었던 코스보다 더욱 난이도가 높은 오르막 내리막이 심한 어려운 코스이다. 내리막 급경사에서 미끄러지지 않으려고 다리에 힘을 많이 주고 걸었다. 그리고 흙먼지를 많이 마신 탓인지 점심부터 목이 따갑더니 아라에 도착했을 때 몸살 기운이 있었다. 4,000m 고도에서도 잘 쉬어지던 숨은 가만히 앉아 있어도 숨이 차고 미열도 있었다. 컨디션이 안 좋아지자 대원들은 휴식이 우선이라며 먼저 취침을 할 수 있도록 배려해주었다. 내일 운행 난이도는 더욱 높아진다. 몸이 더 나빠지기 전에 빠르게 회복하고자 체온 유지를 위해 우모복을 입고 잠을 잤다. 제발 내일은 몸이 회복되길 기도한다.

Day 14 다 같이 텐트, 잊지 못할 추억

아라 ~ 탕게 / 15km

강승일

새벽 4시 45분에 일어나 가람이와 장비 점검을 하였다. 창혁이 형의 주도로 스트레칭을 하고 운행을 시작하였다. 걸으면서 바라보는 이 자연환경이 익숙해졌을 만도 한데 여전히 내가 여기 와 있다는 것이 믿기지 않을 만큼 아름다운 경관에 감탄하게 된다. 특히 엄청나게 긴 다리를 건널 때는 내가 인디아나 존스 영화 안에 들어와 있는 거 같았다.

다리를 건너고 마주한 내리막길은 정말 위험했다. 발을 헛디뎌 미끄러지면 낭떠러지로 떨어진다. 정말, 정말, 조심스럽게 한 발 한 발 내디디면서

천천히 걸었다. 지금까지 살면서 가장 위험한 길을 걸은 것 같다. 한국에서 형이 했던 말이 생각났다. '무슨 일이 있어도 살아 돌아와라.' 형이 농담 반 진담 반으로 했던 이 말이 그 순간 떠오를 만큼 난 위태하게 느껴졌다. 그래서 더욱 집중해서 걸었다. 재밌는 것은 나는 그렇게 위태롭게 걷는데 현지인 한 분이 아무렇지 않게 슬리퍼를 신은 채로 빠르게 내려가는 것이다. 그걸 보고는 헛웃음이 나왔다. 나도 그 길로 매일같이 다니면 슬리퍼 신고 저렇게 걸을 수 있겠지.

오늘은 대원 전체가 텐트 숙박이다. 대장님이 내일 우리가 잘 걸으면 하산을 완료할 수 있고, 아니면 이틀에 걸쳐서 내려갈 것이라고 했다. 대원들 눈빛에서 내일 기필코 끝내겠다는 의지가 보였다. 사실 이 텐트 생활이 좋은데 내 생각만으로 그렇게 할 수 있는 건 아니니까. 저녁 식사 메뉴는 고

추장 김치찌개다. 준하가 요리했는데 이렇게 맛있는 한식을 먹게 해주어서 정말 고마웠다. 덕분에 두 그릇 뚝딱!

내일이 끝이 될 수도 있고 아닐 수도 있지만, 그동안 우리 무스탕 팀이 잘 해왔듯이 아무도 다치지 않고 내일 하루도 잘 마무리할 수 있으면 좋겠다.

아자 아자 내일도 파이팅!

Day 15 산의 마지막은 역시나 힘들다

탕게 ~ 파패스 ~ 파 ~ 추상 / 23km

김가람

탐사의 마지막 날이 될 수 있는 날이다. 1시 전까지 파에 도착하면 추상까지 이동해 탐사를 마무리하고, 1시 이후에 도착하면 그곳에서 하루를 보내게 된다. 탐사를 오늘 마무리하기 위해서는 많이 걸어야 해서 쉽지 않은 운행이 될 것으로 생각했다. 대원들은 1시 전에 파를 지나야 한다는 생각에 급하게 길을 나섰고, 경사가 가파른 곳에서 속도를 내다보니 나는 지쳐서 운행하는 데 힘이 들었다. 감사하게도 승일 오빠와 창혁 오빠가 뒤에서 계속 밀어주고 할 수 있다고 응원해 준 덕에 힘을 내어 걸을 수 있었다. 채린

언니가 컨디션이 좋지 않았을 때 오히려 앞장서서 가던 모습이 생각나 나도 대원들보다 앞서서 걸으며 대원들에게 도움이 되어야겠다고 생각했다. 그래서 휴식 시간에 빨리 간식을 먹고 먼저 출발해서 대원들보다 앞장서서 오르막을 올랐다. 그러나 얼마 못 가서 체력이 소진돼버려 그 자리에 앉아 대원들이 오기를 기다렸다. 대원들과 함께 오르막길을 걸어 파 패스에 도착했다. 고도 4,183m이다. 단체 사진과 개인 사진을 찍으며 휴식 시간을 가졌다.

오후 1시경 파에 도착했다. 티벳티안 브레드에 삶은 달걀 2개로 점심을 먹었다. 대장님이 가위바위보에 이긴 사람에게 말을 타고 갈 기회를 주겠다고 하신다. 치열한 가위바위보 끝에 승은 언니가 이겨서 말을 타고 언덕 하나를 올랐다.

가이드 키숄이 발을 접질려 발목을 다쳤다. 추상까지 많이 남은 상황이라 승은 언니가 발목 테이핑을 해주고 진통제를 주었다. 다행히 걸을 수 있었고 키숄은 지도위원님과 함께 천천히 내려오기로 했다.

추상 마을이 보이는 구간부터 길이 좁고 아래로는 10m가 더 되는 낭떠러지가 있는 길을 걸었다. 최대한 조심하며 등산 스틱을 사용해서 걷다가 돌에 발이 미끄러져 넘어질 뻔하였으나 등산 스틱 덕분에 엉덩방아를 찧지는 않았다. 탐사 기간 중 가장 오래 걷는 날이라서 다리가 풀려 사고가 날까 다들 걱정했다. 우린 무사히 마을에 다다랐다.

조금은 무리하며 12시간 운행을 한지라 더 후련하고 행복했다. 과자와 음료를 먹고 잠깐 쉬다가 가장 좋아하는 네팔 음식 달밧으로 저녁 식사를 했다. 피드백 회의에서 대장님이 MVP로 항상 에너지가 넘치고 모두를 잘 챙겨주었던 승일 오빠를 선정했다. 나를 많이 도와준 승일 오빠이기에 MVP로 뽑힐 만하다고 생각했다. 우리 탐사대의 실질적인 운행은 끝이 났다. 앞으로 남은 길도 아무 일 없이 모두 건강하게 집까지 돌아갔으면 좋겠다. 나 자신도 대견하고 모두에게 감사하다.

Day 16 뜨뜻하니 딱 좋네!

추상 ~ 따또바니

조재석

드디어 무스탕을 벗어나 따또바니로 이동하는 날이다. 10일이라는 시간이 느린 줄만 알았는데 이렇게 빠르게 지나갈 줄은 몰랐다. 그래서 아쉬운 마음과 기쁜 마음을 동시에 가진 채로 내려간다. 어젯밤 과자를 많이 먹은 탓에 속이 너무 좋지 않아 무언가를 할 힘이 없다. 나아지겠지 생각하며 짐을 버스에 옮긴 후 우리의 친구 간지와 작별 인사를 했다. 따또바니에서 만나 추상까지 계속 우리를 따라온 개. 처음엔 시간이 지나면 알아서 돌아가겠지 생각하고 그렇게 정을 주지 않았지만, 간지는 항상 우리와 함께했고 어느 순간부터 우리 무스탕 탐사대의 열 번째 대원이 되어 있었다. 이제는 간지와 함께 할 수 없지만, 우리의 마음속에는 항상 간지가 함께할 것 같다.

무스탕을 탐사하는 동안 좀솜에서 따또바니로 이어진 도로가 산사태가 일어나 길이 끊겼다고 들었다. 따또바니로 향하는 길은 그 길뿐이기 때문에 만약 길이 막혀 있다면 우린 하염없이 기다려야 할 수도 있다. 다행히 추상에 도착하기 전에 도로가 복구되었다. 나중에 들으니 버스 길은 낭떠러지 30cm 옆을 지나는 거였고 너무 위험해 보여 생명의 위협까지 느낄 정도였다고 한다. 나는 속이 너무 좋지 않아서 거의 기절하다시피 자느라 아무것도 몰랐다. 정신을 차려보니 따또바니에 도착해 있었다.

점심 식사로 달밧을 먹었다. 맛있는데 속이 너무 좋지 않으니 제대로 먹을 수가 없었다. 어제 과자를 많이 먹은 게 너무 후회됐다. 별로 맛있지도 않고 맵기만 했는데……. 내 생각엔 갑자기 자극적인 음식을 먹어서 속이 뒤집힌 것 같다. 고산 지역에서는 먹는 것도 조심해야 하는데 하산했다고 방심한 나의 잘못이 크다.

식사를 마치고 따또바니에 있는 노천온천으로 향했다. 땅속에서 따뜻해진 물을 끌어올려 사용하는 진짜 천연 온천이라고 하길래 많은 기대를 했다. 생각보다 작은 규모에 놀랐지만, 물의 온도는 천연 온천답게 뜨거웠다. 처음에는 너무 뜨거워 발도 못 담갔지만, 키숄이 찬물을 틀어주고 뜨거운 물에 익숙해지면서 온몸을 담글 수 있었다. 오랜만에 목욕이었다. 따뜻한 물에 온몸을 맡기니 몸이 편안해지면서 나른해졌다. 거기에 대장님이 사주신 콜라까지 마셨다.

행복했던 온천욕을 마치고 숙소로 돌아왔다. 신기하게도 그렇게 메스껍던 속이 싹 나아졌다. 이것이 온천욕의 효과인가. 없었던 입맛도 돌아오고 몸의 활기도 되찾았다. 그래서 저녁 볶음밥은 정말 맛있게 먹었다.

지도위원님 방에서 대장님과 대원들과 모두 함께 진솔한 이야기를 많이 나눴다. 이렇게 많은 이야기를 무스탕 탐사할 때도 했으면 좋았을 텐데 조금 아쉬운 마음이 남는다. 내일 다시 버스를 타고 멀리 가야 한다. 그 디스코 팡팡 같은 버스, 잘 버틸 수 있겠지. 모두 다치지 않기를!

Day 17 담푸스 클럽 개장!

따또바니 ~ 담푸스

변창혁

따또바니에서의 여유로운 아침을 보내고 키숄이 추천해 준 안나푸르나 산맥을 한눈에 볼 수 있는 담푸스로 향했다. 3시간 정도 디스코 팡팡을 타고 휴게소에서 점심을 먹었다. 여기서 먹은 달밧은 네팔에서 경험한 달밧 중 단연 최고라고 할 수 있다. 매콤한 카레와 고소한 밑반찬들이 한국인의 입맛에 딱 맞았다. 점심을 먹고 또 1시간 반가량의 디스코 팡팡 운행 후 목적지 담푸스에 도착했다.

텐트를 치고 현수막을 친 후 몇 장의 사진 촬영을 한 다음 대원들 모두 각

자 부모님께 연락드리는 시간을 가졌다. 너무 반가웠고 그리웠다.

키숍이 요리해 준 닭 내장 볶음을 먹었다. 맥주 안주로 딱 맞았지만, 컨디션이 좋지 못한 탓에 맥주를 마시지 못했다. 아쉬웠지만 욕심을 부리지 않기로 했다.

다른 대원들이 개인 시간을 보내고 있을 때 준하는 저녁 식사 준비를 하고 있었다. 고3이라고는 믿기지 않을 책임감이 강한 준하를 보고 많은 것을 느꼈다. 저녁에 준하 쉐프의 정성이 들어간 백숙을 먹었다. 너무 맛있어서 한국 음식에 대한 그리움이 싹 가셨다.

저녁 식사 후 흥이 오른 우리 대원들은 '무스탕탕'의 시그니처 흥 돋우기 노래를 부르고 한국의 아리랑과도 같은 네팔의 '레쌈삐리리'를 부르며 춤을 췄다. 이날 날씨가 좋지 않아 밖에는 천둥 번개가 내리치고 비가 억수같이 쏟아졌다. 전기가 나갔고 불이 꺼진 곳에서 아랑곳하지 않고 분위기에 취해 모두 하나 되어 춤추고 노래했다. 우리만의 담푸스 클럽이 개장되었다. 고된 탐사를 함께 한 동료들이 옆에 있었기에 그 시간은 더욱 즐겁고 행복한 시간이 되었다.

물침대와 다름없는 텐트로 돌아와 피드백 회의를 마치고 주무시는 지도위원님 바로 옆에서 흥이 가시지 않은 남자 대원들과 2차 클럽을 개장해 춤을 추며 광란의 밤을 보냈다.

Day 18 집으로 가는 길 Step 1

담푸스 ~ 포카라

임채린

비가 그치고 텐트에서 아침은 상쾌했다. 하지만 침낭에서 나오자 다리가 피범벅이 되어있었다. 이게 무슨 일이지 싶어 급히 나와서 키숄과 대장님께 보여드리니 거머리에게 물린 것 같다고 하셨다. 어젯밤에도 발가락 사이에서 피가 났었는데 그것도 거머리의 짓이었나 보다. 거머리의 독은 피를 응고하지 못하도록 하는 성분이 있어서 거머리가 피부에서 떨어지는 순간부터 피가 계속 흐른다고 한다. 당황한 마음을 가라앉히며 상처 주변을 닦아내고 밴드를 붙였다. 그제야 주변 풍경이 눈에 들어왔다. 시간이 지날수록

구름이 걷히고 히말라야 산맥이 서서히 모습을 드러냈다. 우리가 떠날 즈음엔 안나푸르나, 마차푸차레 등이 멋진 자태로 우리를 배웅해 주는 듯하였다.

토스트와 준하표 닭죽으로 아침 식사를 했다. 어젯밤에 먹던 백숙의 국물로 만들어준 닭죽은 역시나 맛있었다. 한 그릇을 싹싹 긁어먹었다. 아주 완벽한 아침 식사를 마치고 우리는 떠날 채비를 마쳤다.

버스가 출발한 지 30분도 채 되지 않아 사고가 났다. 우리가 탄 버스와 오토바이의 접촉 사고였다. 상대방은 음주 운전이었고, 우리는 내려오는 길에 '빵빵'클랙슨을 울려 버스가 내려가고 있음을 알렸다는 것이 쟁점이었다. 그들은 낫을 들고 차에 들어와 협박하고 운전기사를 끌어내 멱살을 잡았다. 이에 따라 우리의 일정은 한 시간이나 지체되었고, 경찰이 투입되었음에도 결말이 나지 않았다. 결국, 대장님은 대사관에 연락하겠다며 엄포를 놓았고, 그제야 상황이 어영부영 마무리되었다. 블랙박스도 CCTV도 없는 이곳에서 절대 교통사고가 나면 안 되겠다고 생각했다.

점심때쯤 포카라에 도착했다. 짐을 풀러 두고 보고서 작성을 위해 다이닝룸에 모였다. 회의를 통해 우리의 탐사를 어떻게 담아낼지 내용을 선정하고 방법을 공유했다. 완성될 우리의 오지멘터리가 더욱 기대된다.

저녁 마무리는 KFC였다. 어제도 닭고기를 먹었지만, KFC에서 먹는 닭튀김은 질리지 않았다. 짭조름한 치킨과 햄버거로 배를 채웠다. 네팔에서의 아깝기도 하고 후련하기도 한 밤들이 지나간다. 곧 한국으로 귀국이라는 것이 믿어지지 않는다.

끝까지 다치지 말고 건강하자 우리!

Day 19 포카라에서 짜릿한 액티비티!

포카라

강승일

한국인이 운영하는 숙소에서 아침 식사가 정말 훌륭했다. 사장님과 사모님이 제육볶음, 김치 갈빗국, 멸치볶음, 어묵 등 성대한 아침 식사를 차려주셨다. 그 환상적인 맛에 밥 두 그릇이 뚝딱이었다. 한식을 먹을 수 있다 해서 조금 기대는 되었지만, 이 정도로 성대할 줄 몰랐다. 맛있는 식사 후 재식이 형은 부산갈매기로 우리의 흥을 북돋웠다. 식사 후 우리는 회의할 장소가 마땅치 않아 다른 숙소로 옮겨야 했다.

오늘 오전 일정은 패러글라이딩!

포카라 패러글라이딩은 세계 3대 패러글라이딩 장소 중 하나이다. 아쉽

게도 포카라에 공항이 생겨 2023년1월 1일부터 패러글라이딩을 할 수 없다고 한다. 패러글라이딩을 체험하는 사람은 나와 승은, 가람 그리고 대장님과 지도위원님이 함께 했다. 우리는 봉고차를 타고 산 위로 계속 올라갔다. 어디까지 올라가는지 했는데 1,650m 산꼭대기까지 올라갔다. 안개가 자욱했다. 패러글라이딩은 대기 상태였다. 하지만 우리에겐 날씨 요정인 지도위원님이 있었다. 지도위원님이 간절히 비시자 신기하게도 안개가 걷혔다. 승은이가 가장 먼저 출발하고 대장님, 가람이, 나, 지도위원님 순으로 뛰었다. 한 명씩 뛰고 내 차례가 되었다. 처음 시도는 실패했고 두 번째 시도에서 성공했다. 코스가 보통 15분~20분 정도 되었고 길면 30분까지도 소요된다. 거기에 돈을 좀 더 지급하면 빙글빙글 도는 익스트림 비행도 있다고 한다. 나는 기꺼이 익스트림 비행을 선택했다. 하늘에서 바라본 포카라의 풍경은 참 이뻤다. 작은 호수와 빽빽한 건물들, 그리고 저 멀리 보이는

높이를 가늠할 수 없는 산들까지. 착륙 지점에 가까워지자 서서히 돌더니 롤러코스터같이 빠르게 회전했다. 그리고 안전하게 착지! 멀미에 약한 사람은 토를 한다고 하더니 그 말이 사실이었다.

오후엔 번지점프!

나는 창혁이 형, 채린이 누나, 준하와 함께 번지 점프하는 곳으로 갔다. 트럭 안에서 노래를 부르면서 금세 도착했다. 점프는 절벽에서 하는 것이었다. 높이가 103m! 탐사 운행을 하며 절벽을 지날 때 이 절벽을 뛰어내리면 어떤 기분일까 싶었는데 드디어 해본다. 안전 장비를 착용하고 절벽 앞으로 갔다. 몸무게가 많이 나가는 순으로 뛰었다. 앞에 한 명 한 명 뛰어내렸고 내 차례가 되었을 때 가슴이 쿵쾅거렸다. 5, 4, 3, 2, 1, JUMP!!! 짜릿했다. 떨어져서 점프했던 곳으로 줄에 매달려 다시 올라올 때 가족에게 영상 편지도 썼다. 재석이 형도 하고 싶다고 점프대로 왔다. 형이 점프할 때 자세가 엉성한 게 뭔가 웃겼다. 네팔에서 이런 익스트림 스포츠도 경험할 수 있어 짜릿한 하루였다. 다음에 기회가 된다면 또 해야겠다.

Day 20 안녕~ 포카라!

포카라 ~ 카투만두

김가람

포카라에서 카트만두로 가는 비행기를 타는 날이다. 포카라 호텔에서 나와서 짐을 차에 실었다. 공항에 도착해 수화물 무게를 재보니 수화물 무게가 인당 15kg을 넘어 초과요금을 내야 하는 상황이다. 다행히 가이드 키숄 덕분에 추가 요금없이 수화물 문제가 해결되었다. 경비행기를 타는 거라 카트만두로 가는 비행기는 지연이 자주 일어난다고 들어 걱정했다. 다행히 지연 시간이 길지 않았다. 짧은 비행 후 카트만두에 도착해서 탐사 전에 묵었던 포탈라 게스트하우스로 이동했다. 오랜만에 본 숙소 직원들은 우리를 친절하게 반겨줬고 우리도 그들을 다시 만나 반가웠다.

숙소에서 간단하게 짐 정리를 마치고 탐사 기간 터지고 끌리느라 냄새가 너무 나는 카고백을 세탁하기 위해 빨래할 사람 3명을 가위바위보로 고르기로 했다. 나와 승일 오빠, 승은 언니가 져서 카고백을 빨았다. 호텔 직원이 세탁할 수 있는 야외 공간을 마련해주셔서 밖에서 카고백에 물을 묻혀 빨래할 수 있었다. 냄새를 없애기 위해 세탁 세제를 많이 넣었더니 거품이 계속 나서 몇 번을 헹궜다. 우기임에도 다행히 날씨가 맑아 햇볕에 카고백을 말릴 수 있었다. 빨래를 마치고 승일 오빠가 고생했다고 음료수를 사줬다.

점심 식사는 대한산악연맹 네팔 연락사무소인 '서울집'으로 갔다. 소장님과 침자 셰르파, 다와 셰르파 등과 함께 식사했다. 소장님의 소개로 얼마 전 K2를 마지막으로 히말라야 8,000m 14좌를 완등하신 분을 만났다. 대원들은 그런 대단한 일을 하신 분이 아무렇지 않게 옆에 계신다는 사실이 놀라워 그 마음을 감추지 못하고 존경의 눈빛을 보냈다. 창혁 오빠는 그분께 악수를 청했고 나는 사진을 같이 찍었다. 맛있는 닭개장과 떡볶이를 먹고 침자 셰르파가 준비한 커피와 야크치즈를 먹었다. 고소하고 짭짤한 맛의 야크치즈는 맛이 인상 깊었다. 식사를 마치고 대한산악연맹 연락사무소 현판에서 기념사진을 찍었다.

나는 승은 언니와 재석 오빠와 함께 숙소에 들렀다가 기념품을 사러 갔다. 팔지와 목걸이, 그리고 일명 코끼리 바지도 샀다.

카투만두를 떠나기 전 달밧을 맛있게 먹었던 식당을 다시 찾아 저녁 식사를 했다. 내 생각에 이곳에서 파는 달밧이 제일 맛있는 것 같다. 식사 후 대원들 모두 마트로 가서 각자 밤에 먹을 간식을 샀다.

마지막 피드백 회의 시간이다. 대장님이 진행했다. 우리는 탐사 동안 혹은 훈련하면서 느꼈던 소감 등 진솔한 이야기들을 털어놓는 시간을 가졌다. 마지막 피드백 회의라고 생각하니 만감이 교차했다. 이제 돌아갈 날만 남았다. 남은 돌아가는 길도 아무런 사고 없이 무사히 돌아갈 수 있으면 좋겠다.

Day 21 끝, 그리고 새로운 시작

카투만두 ~ 뉴델리공항 ~ 인천공항

조재석

결국, 마지막 날이다. 네팔을 떠나 한국으로 돌아간다. 느긋하게 일어나서 10시경 아침 식사를 하기로 해서 기상시간을 정하지 않고 각자 알아서 그전에 일어나기로 했다. 어제 늦게 잠자리에 들지 않아 8시에 일어났다. 내려가 보니 승은이는 회계 정리를 하고 있고 대장님과 채린이 누나는 이야기를 나누고 있었다. 나도 카페로 내려가 밀크티를 마시며 가람이, 승은이와 함께 이야기를 나누며 놀았다. 대원들도 모두 일어났고 식사 시간이 되었다. 아침 식사는 잉글리시 브랙퍼스트와 차를 먹었다. 네팔에서 먹은 잉글리시 브랙퍼스트 중에 카트만두 숙소에서 먹은 잉글리시 브랙퍼스트가 제일 맛있는 것 같다. 맛있게 식사를 마치고 대장님의 특별 선물이 있었다. 전날 빨래를 해서 널어놓았던 재킷과 티셔츠에 무스탕 팀 그림을 기명해 주셨다. 대원들을 위해 옷을 걷어 기명 선물을 주실 정도로 우리를 생각해주는 대장님의 마음이 느껴지고 감사했다.

공항으로 출발하기 전 잠깐 쇼핑시간이 주어졌다. 나는 어제 옷과 마그넷을 사서 뭔가를 더 살 생각이 없었지만, 옆 가게에서 파는 수제 지갑이 맘에 들어 2개나 사버렸다. 키숄의 도움으로 동전 지갑을 서비스로 받았다.

대장님이 3~4시간 전에 공항에 도착하는 것이 좋겠다고 해서 일찍 출발했다. 덕분에 공항 가는 길이 막혀 시간이 많이 지체되었는데도 시간 맞춰 도착할 수 있었다. 가이드 키숄과 머던 다이와 작별 인사를 했다. 이번 탐사에서 키숄과 머던 덕분에 더 재미있는 탐사를 할 수 있었다. 네팔 민요인 레쌈삐리리를 배웠고, 현지인과 더 가까이 지낼 수 있었다. 다음에 네팔에 다시 찾는다면 키숄과 머던에게 꼭 연락을 할 것 같다.

짧은 비행을 마치고 도착한 뉴델리 국제공항에서 밥을 먹고 오랜 대기 후에 인천으로 향하는 비행기를 탔다. 길다면 길고 짧다면 짧았던 탐사가 끝났다. 아름다운 풍경, 신기한 문화와 현지 사람들, 많은 부분이 나에게 선물로 남았지만, 나에게 남은 제일 중요한 것은 우리 오지탐사대 대원이라고 생각한다. 대원들이 없었다면 절대 탐사를 완주하지 못했을 것 같다. 오지탐사대 참가 기회가 다시 주어지면 난 기꺼이 다시 할 것이다. 단, 우리 무스탕탕 대원들과 같이하지 않으면 다시 할 이유가 없을 것이다. 탐사는 끝났지만, 대원들과의 인연은 계속되어 인생에 관한 탐사를 같이하고 싶다. 오탐 하길 잘했다!

내 인생의 가장 큰 보석

대장 김정훈

무스탕 탐사를 무사히 마칠 수 있도록 함께한 임영대 지도위원과 7명의 대원들 '부대장 임채린, 운행 변창혁, 행정/기록 조재석, 식량 송준하, 의료 이승은, 장비 강승일, 수송 김가람'에게 고마운 마음을 전한다.

탐사 동안 실망스러운 상황도 있었고, 대장과 대원들 간의 갈등 아닌 갈등도 있었으나 귀국 후 내가 썼던 탐사 일지를 읽어보고 그때의 상황들을 떠올려 봤을 때 어느 팀보다 팀워크가 좋았고 대원 모두가 최선을 다한 탐사였다고 생각한다.

2018년 이후 코로나로 인해 3년 만에 다시 시작된 한국청소년 오지탐사대는 처음부터 쉽지 않았다. 훈련 기간도 짧고 인스타그램으로 지원받아서 인지 지원자도 그리 많지 않았다. 하지만 2차 아웃도어 테스트를 끝내고 선발된 대원들의 열정과 각오 만큼은 뜨거웠다. 긍정적이고 적극적인 청소년들과 함께 탐사한다는 것에 기대가 컸다. 그래서 국내 훈련은 자발적이면서도 즐거움에 목표를 두었다. 또한 고소적응을 위해 6번의 훈련 중 3번은 무박 야간산행으로 진행하였다. 대원 모두가 체력적으로 힘들어했고, 특히 졸음과 싸움을 했던 창혁이와 준하가 생각난다. 졸면서 걷다가 넘어진 경우가 종종 있었으나 포기 없이 끝까지 훈련을 소화했다. 그리고 우리 탐사대원 모두 훈련 목표를 다 이뤄냈다. 국내 훈련 중 기억에 남는 것은 2주에 걸쳐 울주 9봉을 완등한 것이다. 인천에서 합숙하며 짐을 싸고 각 역할별로 다시 한번 체크하고 또 체크했던 준비 기간이 탐사보다 더 기억에 남는 것 같다.

우리가 탐사한 네팔 무스탕은 무스탕 왕국으로 불리며 네팔 정부로 부터 행정적 자치를 허용받은 곳이다. 네팔인은 주로 힌두교도가 많지만, 무스탕 왕국은 티베트 불교를 믿는다고 한다. 그 이유는 무스탕인이 티베트 지역에서 더 살기 좋은 땅을 찾기 위해 고향을 떠난 사람들의 후손이기 때문이다. 그래서 마을에는 티베트 불교에서 볼 수 있는 초루텐이라는 탑이 세워져 있는 것을 쉽게 볼 수 있었다.

무스탕의 지형은 우리가 볼 때 사람이 절대 살 수 없을 것만 같은 곳이었다. 굉장히 고지대이며 우기에 고작 200mm 정도의 비가 내린다고 하니 물이 부족하고, 상상 이상의 바람이 부는 등 악조건을 가지고 있는 곳이기 때문이다.

하지만 이곳에도 사람이 산다. 머나먼 옛날, 무스탕의 선조들은 티베트 지역에서 더 살기 좋은 땅을 찾아 이리저리 흩어졌으며, 이윽고 발견하고 정착한 땅이 지금의 무스탕이라고 한다. 무스탕은 아직 외부인의 출입을 제한하는 등 오래된 삶의 방식을 그대로 유지하고 있었다. 예전에는 자동차도 없어서 무스탕을 여행하기 위해서는 트래킹 방식으로 한 바퀴 걷는 방법밖에 없었다고 한다. 현지인들 역시 교통수단은 주로 걷는 것이고 짐을 운반하기 위해서는 말을 사용했었다. 지금은 무스탕 왕국의 수도였던 로만탕까지 도로가 연결되어 사전에 조사했던 것보다 롯지나 상점에서의 물건값이 비싸지는 않았다.

우리 탐사대는 가이드 2명과 마부 1명, 당나귀 7마리로 스텝을 구성하고 주로 롯지를 사용하며 탐사하였다. 롯지 이용은 편의성 때문이 아니라 탐사지역이 미국의 그랜드캐니언처럼 황량한 사막과 같아서 텐트를 치고 야영할 마땅한 장소가 없어서였다. 그리고 네팔 정책에 따라 가이드와 포터나 당나귀를 스텝으로 구성해야만 출입이 되는 조건이 있기에 롯지를 이용할 수밖에 없었다. 탐사지역이 안나푸르나와 무스탕 두 곳의 허가를 받아야 하고 1일 입장료로 1인당 50불씩을 내야 하는 지역 이어서 가이드도 초행길이라 지도와 현지 마부의 도움으로 길을 찾아야 했다. 롯지에서도 귀한 정보를 얻을 수 있었다.

삭막하지만 처음 보는 풍광은 입을 다물지 못하게 했다. 하루에 오르는 고도가 400m에서 500m였는데 전문가들도 쉽지 않은 여정을 우리 대원들이 끈기 있게 버텨냈다.

카투만두에서 좀솜 가기 전 따또바니까지 14시간 버스를 타고 이동했던 것이 대원들의 컨디션에 큰 영향을 미쳤다. 길도 험했고 그로 인해 심하게 흔들리는 버스 안에서 장시간 견뎌야 하는 일이 힘이 들었을 것이다. 운행 첫날부터 설사 환자가 두 명이나 생겼고 탐사 출발지에서는 몸살을 앓는 대원이 두 명 더 늘어 아홉 명의 탐사 대원 중 네 명이 환자가 되었다. 초반부터 상태가 심한 환자가 절반이니 고민이 컸다. 이틀을 지켜보고 가이드와 지도위원과 함께 논의해서 두 가지 대처 방안을 마련했었다. 다행히 이틀 뒤에 걱정했던 두 명의 대원이 호전되었다. 대원 모두가 함께 하기로 하고 탐사를 진행하는데 국내에서 고소를 대비하는 훈련을 하였는데도 불구하고 막상 고소 환경에 놓이니 무너지는 대원들이 있었다. 하지만 강한 정신력으로 적응하는 모습을 보여 줬다. 무엇보다 큰 도움이 되었던 것은 모든 식사를 대원 전원이 남김없이 다 먹었다는 것이다. 물론 고소 때문에 다 먹는 것이 힘들었지만 대장의 지도를 잘 따라 줬던 덕분이라고 생각한다.

수시로 정전되는 열악한 상황에서 탐사 기간 인터넷을 일절 사용하지 않았고, 현지식 위주로만 식사하고, 매일 6시간에서 8시간씩 운행하는 강행군에도 누구 한 명 불평 없이 탐사를 진행했다. 아침 10시 이후부터는 바람이 많이 부는 곳이라서 야외임에도 대원 모두가 마스크를 쓰고 운행해야 했다.

탐사 마지막 날 야라에서 추상까지 가장 고도가 높은 파 패스를 넘어야 했고, 장장 12시간을 걸었던, 탐사 기간 중 가장 힘든 여정이었는데도 막내 가람이를 선두로 대원 모두가 묵묵히 힘든 내색 없이 목적지까지 무사히 도착했다. 전날 밤 대원들과 피드백을 나누는 시간에 '나에게 오지 탐사란 어떤 의미인가?', '현재 나는 내가 생각한 오지 탐사의 목표를 달성하였는가?'에 대한 얘기를 나누었다. 각자가 생각한 오지 탐사와 개인의 목표는 달성했다는 의견이었다. 그럼 성공했다고 생각하고 대원들과 각오를 새로이 했다. 육체는 정신이 지배한다는 것이 증명되는 날이었다.

대장으로써 만족보단 아쉬움이 남는 탐사이긴 하였지만, 한 명의 낙오자 없이 안전하게 탐사를 마쳤다는 것은 아쉬움을 충분히 채우고도 남았다. 개인주의가 자연스러운 세대임에도 불구하고 대원들이 개인적인 행동보다 팀 전체를 위한 행동으로 팀원들과 똘똘 뭉친 모습이 보기 좋았다. 특히, 간식도 함께 나눠 먹고 식사도 서로 챙기고, 운행 중에도 서로서로 챙겨주는 모습에 감동하였다.

청소년오지탐사대 모든 대원 중 가장 어린 대원을 포함한 팀 구성이지만 각자의 역할을 잘 수행했다. 아니 오히려 어린 친구들이 더 열성적이었다.

♡ 대장에게 칭찬보다는 지적을 많이 받았던 채린이, 가장 큰 누나이며 대원들을 이끄는 부대장으로서 정말 수고 많았다.

♡ 행정과 기록을 담당하며, 탐사대의 분위기 메이커였던 재석이, 너의 목소리가 우리의 사기를 높여 주었다.

♡ 큰형 창혁이, 탐사 처음부터 끝까지 몸이 안 좋았지만, 묵묵히 팀을 이끈다고 고생했다.

♡ 우리의 셰프 준하, 롯지마다 음

식의 종류와 각종 향신료를 탐구하고 식대 지출 감소에 지대한 공을 세우면서도 대원들의 입을 즐겁게 해준 너의 수고에 고마움을 전한다.

♡ 미소 천사 승은이, 항상 밝은 미소로 팀의 비타민이 되어 주었고 팀원들의 컨디션 유지에 너의 힘이 컸다.

♡ 믿음직한 승일이, 가장 든든하고 가장 많은 희생과 봉사를 해주어서 탐사대가 무사히 탐사를 마칠 수 있었다.

♡ 막내 가람이, 이번 탐사에서 가장 큰 성과는 가람이 그 자체이다. 누구보다 분위기를 업 시켜 줬고 힘들지만 포기 없이 늘 선두를 지켜줘서 언니 오빠들의 귀감이 되었다.

나를 되돌아보고 남은 삶에 대한 답을 얻은 것인가?

지도위원 임영대

탐사의 발단

'2022년 한국청소년 오지탐사대 모집' 공고를 보고 큰아들에게 넌지시 물었다. '너 혹시 오지 탐사 같은 거 좋아하니?', '한번 가볼래?' 청소년 오지 탐사대에 관한 소문은 익히 알고 있던 터라, 고3 아들이지만 그래도 한번 보내고 싶은 아비의 마음을 비추니 흔쾌히 승낙한다. 선발 과정도 힘들고 1차 선발되더라도 훈련이 힘들 텐데, 아직 뭘 잘 모르는 울 아들. 그 후 며칠이 지나 아들에게 '대원 신청 안 하니?'라고 물으니 아들 하는 말, '아빠 난 우리나라 오지에 며칠 가는 줄 알았는데 공고를 보니까 외국의 험한 오

지를 20일간 탐사한다는데 나한테는 무리인 것 같아요. 그래도 고3 여름방학인데 최대한 노력은 해 봐야지요. 아빠 한 번 가보시는 건 어떠세요.' 아들의 말에 용기를 얻어 난 지도위원 지원서를 냈고 다행히 서류심사를 통과했고, 면접을 거쳐 지도위원으로 최종 선발되었다는 통보를 받았다.

그때부터 많은 생각이 들었다. 아들 둘은 고3, 중3이고, 여름방학을 알차게 보내야 하는데 아빠만 20일 이상 여행을 간다. 아내한테는 뭐라고 하지?. 물론 처음 지도위원 참가 신청을 할 때 상의했지만, '설마 될까?'라는 반신반의하는 마음이던 아내도 내가 덜컥 되고 나니 별로 좋지 않은 인상이다.

가족회의를 소집했다. 저녁을 먹으면서 큰아들과 막내아들의 의견을 물으니, 아빠가 계시든 안 계시든 본인들의 계획에는 별 차이가 없으니 다녀오라고 한다. 유독 아내만 눈치를 준다. 그리고 막상 다녀오라고 하니 고민이 더 깊어진다. 내심 반대라도 하면 못 간다고 통보할 예정이었는데. 가족들의 응원에 힘을 얻어 탐사 대원들의 아웃도어 선발 과정과 6주간의 훈련 과정에 참여하게 되었다. 이번 탐사를 이해해 준 가족들이 고맙다.

우리 대원들

서류 심사를 통과한 3배수의 예비 대원들을 면접과 아웃도어 테스트에서 처음 만났다. 모두 열정적이고 넘치는 에너지를 가진 젊은 청춘들이었다. 나도 그럴 때가 있었는데…….

5월에 실시한 아웃도어 테스트는 체력과 정신력 그리고 협동심과 배려심을 파악할 좋은 기회였다. 하지만 한 번의 아웃도어 테스트로 대원을 선발하기보다는 좀 더 많은 예비 대원을 선발하고 적어도 2번 정도의 아웃도어 선발 과정을 거쳐 탐사대의 대원들을 선발했으면 하는 아쉬움이 있었다. 지원자들이 선발 과정을 통해 배우는 것이 있을 것 같아서 더 많은 예비 대원에게 선발 과정에 참여할 기회를 부여했으면 한다.

최종 선발 과정을 통해 전국 각 지역에서 지원한 드리머(고등학생) 2명과 챌린저(대학생 및 일반인, 만 24세 이하) 6명, 총 8명이 네팔의 무스탕 지역 탐사 대원으로 선발되어 6주간의 훈련을 하게 되었다.

훈련 또 훈련

6월에서 7월까지 매주 2박 3일, 6주간의 훈련은 정말 힘들었다. 무거운 등짐과 반복되는 야간산행, 야외 취사와 막영 등, 처음 접하는 청소년들에게는 무척 힘든 과정이었으나 서로를 알아가는 아주 소중한 시간이었다. 6주간의 훈련은 기본적인 체력훈련과 더불어 탐사 대상지에 따른 다양한 훈련이 진행되어야 탐사에서 그 가치를 더 발휘할 수 있을 것 같다. 첫 훈련에서는 힘들어하고 다소 어려워했지만, 훈련을 거듭할수록 발전해 가는 모습을 보니 흐뭇했다.

훈련을 거쳐 탐사를 가서도 서로 믿고 의지할 만한 든든한 팀원으로 변해가고 있었다. 무더운 날씨에도 불구하고 다행히 부상 없이 대원 모두 훈련을 잘 마쳤고 탐사에도 큰 도움이 되었다. 힘든 훈련과정을 열심히 최선을 다해 묵묵히 잘 따라준 대원들에게 고마운 마음을 전한다. 특히 각 훈련 때마다 도움을 준 산 친구들과 지인 그리고 대한산악연맹 관계자분들에게 감사의 마음을 전하며, 우리 대원들에게도 산 사람들의 진한 우정을 느낄 수 있게 해 준 기회였다. 이제 훈련도 마쳤으니 탐사계획도 확정 짓고 짐도 꾸려보자.

탐사 준비

탐사 일정을 정하고 그에 따른 식량과 장비 등의 계획을 세우는 일들이 만만치가 않았다. 물론 대원 각자의 역할을 부여받고 본인의 임무에 집중하게 했지만, 해외여행을 처음 하거나 오지 탐사가 처음인 대원들은 학업을 병행하며 탐사 준비를 하는 과정이 쉽지는 않았다. 여러 번의 조율 과정과 수정을 거쳐 탐사 계획이 확정되고 비행기 표도 예약되고, 많은 일 들이 순조로이 진행되었다. 대원들이 각자 맡은 일들에 최선을 다해 주었기에 무난히 탐사 준비를 할 수 있었다.

출발 3일 전, 인천대학교 산악부에 둥지를 틀고 탐사와 관련된 장비 및 식량 구입과 짐 꾸리기를 하였다. 짐을 풀고 싸기를 여러차례 반복한 후 드디어 출발 준비가 완료되었다.

7월 22일, 서울시청의 지하 홀에서 '2022 콜핑과 함께하는 청소년 오지 탐사대' 발대식을 하였다. 이번 오지탐사대 참여 대원은 총 28명으로 호주 팀, 키르기스스탄 팀, 네팔 팀으로 구성되었다. 각 팀은 탐사 지역을 소개하고 그동안의 훈련과정들을 영상으로 보여주었다. 대한산악연맹 관계자분들과 대원들의 가족들 그리고 내빈, 특히 네팔 관광성 장관과 관계자분들이 참석하여 우리의 탐사를 응원해 주었다. 네팔 관광성 장관의 참석이 탐사 기간에 도움이 될 줄이야. 성대한 발대식을 마치고 우리는 내일 네팔로 떠난다.

네팔로 출발

23일 새벽에 기상하여 짐을 챙기고 어수선하게 아침을 시작한다. 비행기 출발시간이 이르다 보니 새벽부터 분주하다. 지인의 도움으로 짐을 승합차에 싣고 대원들은 택시 두 대에 나눠 타고 공항에 도착하였다. 많은 짐을 보내고 탑승을 기다리며 호주 탐사대도 만나고 서로의 안전한 탐사를 기원하며 비행기에 탑승했다.

7시간 30분 비행 후 인도에 도착하였다. 네팔로 가는 직항로가 코로나로 중단되어 인도를 경유하여 네팔에 들어가야 한다. 인도에 도착 후 대기시간이 21시간이라서 인도 비자를 받아 인도 땅에 발을 디뎠다. 누군가가 인도 여행은 꼭 해보라고 했지만 우리는 시간이 없어서 거의 숙소에서만 있다가 다음 비행기를 타야만 했다. 공항과 숙소 가는 길에 본 광경이 내가 본 인도의 전부이다.

네팔 도착

고대하던 네팔이다. 산에 좀 다녀본 사람들은 누구나 네팔을 꼭 한 번이라도 가 보고 싶어 한다. 나도 산에 다니는 사람으로 몇 번의 기회가 있었지만 잘되지 않아 50대 중반에서야 네팔을 방문하게 되었다. 인도에서 네팔 가는 길에 비행기에서 본 히말라야의 눈 덮인 산군은 너무 아름다웠다. 하지만 저기 저 산에 고인이 된 나의 산 선배와 후배 그리고 동기가 있다는 생각에 만감이 교차했다.

네팔에서

네팔에서 첫 느낌은 조용하고 뭔가 마음이 편안해지는, 처음이지만 처음이 아닌 것 같았다. 탐사 기간 무사 안녕하기를 기원하며 발을 내디딘다. 네팔 수도 카투만두에서 며칠을 보냈다. 우리에게 도움을 줄 가이드도 만나고 필요한 식량도 구입하고 장비도 다시 정비해서 첫 목적지를 향해 출발하였다.

대원들은 15시간이 넘는 긴 시간을 버스로 이동하였다. 그것도 우리나라 60~70년대의 도로처럼 자갈로 울퉁불퉁한 비포장길을 달리고 달렸다. 카투만두에서 좀솜까지는 비행기가 운행되었는데, 몇 해 전 비행기 사고로 지금은 운행이 되지 않아 어쩔 수 없이 버스를 이용하였지만, 탐사의 본질에는 더 적합한 여정이었다. 카투만두를 떠나서 좀솜에 도착하기까지의 여정이 나에게는 힘든 시간이었다. 카투만두에서 점심을 먹으며 조금 마신

'똥바'라는 네팔 전통술이 문제였는지 설사는 계속되고 오랜 시간의 버스 타기는 사람을 완전히 녹초로 만들었다. 이렇게 나의 첫 네팔 탐사는 시작되었다. 아 힘들다…….

다음날 우리는 좀솜 거쳐 무스탕 지역에 입성하게 된다. 다행히 설사는 멈추고 몸 상태도 좋아졌다. 무스탕은 미리 허가받아야 방문할 수 있으므로 사전 서류 준비가 필요하다. 지금부터는 10여 일을 걸어서 무스탕 지역을 탐사하고 다시 지금의 자리로 돌아올 계획이다. 20~23kg이 나가는 카고백 12개는 당나귀에 실어 다음 막영지까지 보내고 대원들은 10~13kg 정도의 짐을 배낭에 넣어 걷고 또 걸었다.

새로운 자연환경, 낯선 사람들 그리고 처음 접하는 음식 등 모든 것이 탐사의 대상이었다. 고도 4,000m를 오른 첫날, 대원들 대부분이 고소증세로

힘들어했다. 5년 전 4,800m 이상을 등반한 경험이 있었고 그때는 별문제 없이 등정을 마친 터라 고소 걱정은 하지도 않았는데 이번에는 제대로 고소를 맛보았다. 비록 하루 고생하고 적응이 되었지만, 머리 아프고, 속 좋지 않고, 음식 못 먹겠고, 잠 오고, 온갖 고소 증상을 조금씩 다 경험했다. 고도 3,000~4,000m 사이를 오르락내리락할 때는 크게 힘들지는 않았다. 그렇게 5일을 걸어서 최종 목적지인 무스탕의 수도 로만탕에 도착하였다.

오래된 사원과 건물들 그리고 아름다운 자연이 주는 감동은 이루 말할 수가 없지만, 그 속에 살고 있는 분들의 삶은 그리 녹록해 보이지는 않았다. 척박한 땅에서 고단한 삶을 지속하기 위한 그분들의 순응에서 인간의 위대함을 다시 한번 느끼게 된다. 3일 동안 로만탕 지역 탐사 중 그 지역의 초등학생들과 함께한 시간은 우리 대원들에게도 많은 생각을 갖게 해준 소중한 시간이었다.

가장 좋은 롯지에서 오랜만에 여유로운 시간을 가진 뒤 하산을 시작한다. 산을 내려가는 것이 아니라 고도가 4,200m나 되는 이번 탐사에서 가장 높은 파 패스를 넘어야 한다. 많은 시간을 걸어야 하기에 모든 대원이 정신을 바짝 차리고 열심히 걷고 걸었다. 다행히 다친 사람도 없이 안전하게 추상에 도착하였다. 몸 상태가 좋지 않은 대원도 있었지만 그래도 끝까지 최선을 다하는 모습에 항상 맨 뒤에서 걷던 나는 대원들 모르게 감동의 눈물을 흘렸다.

'너희들은 멋진 청춘들이야. 가장 힘든 구간이었지만 가장 멋진 모습들이었다.'

탐사를 마치고

그동안의 긴 여정과 소중한 추억들, 특히 형언할 수 없는 대자연의 아름다운 모습을 다 표현하기에는 지면이 모자라고 글솜씨도 부족하니 직접 경험해 보시라고밖에 말할 수 없는 마음을 이해해 주길 바란다. 중년의 나이에 한국의 미래인 청소년들과 함께 6주간의 훈련과 21일간의 네팔 무스탕 지역 탐사의 기회를 가질 수 있었던 것은 나에게 큰 행운이었다. 이번 탐사 기간 내내 나의 탐사 일지 첫 장에 적어놓은 글귀가 있다. 항상 생각하면서 걷고 걸었다. 여행을 하는 것이나 몸이 아프다는 것 둘의 공통점은 자기 자신을 되돌아볼 수 있다는 점이다. 늘 건강한 삶을 추구해 왔지만 그래도 가끔은 여행을 통해 지금까지의 삶을 되돌아보고 앞으로 남은 생을 위한 숙고의 시간을 가지는 것도 필요할 것 같다. 나는 이번 여행을 통해 나를 되돌아보고 남은 삶에 대한 답을 얻은 것인가? 최소한 시도는 한 것 같다.

끝으로 이번 탐사를 위한 긴 여정을 함께한 대장과 대원들 고생 많았고 탐사 과정 중에 많은 어려움이 있었지만 오지탐사대의 일원이라는 자부심으로 힘든 과정을 묵묵히 잘 견뎌준 우리 대원들에게 다시 한번 고마움을 전한다. 내 나이 오십 중반에 오지탐사대가 가져다준 행복은 바로 너희들과 함께한 추억 그리고 바로 너희들이란다. 무스탕탕 파이팅.

탐사 훈련 때부터 탐사가 끝날 때까지 오지탐사대에 많은 관심을 가지고 지원해 준 지인들과 청소년 오지탐사대가 잘 운영될 수 있도록 도움을 주신 대한산악연맹의 관계자분들께 다시 한번 감사의 마음을 전한다.

네팔 무스탕 탐사대 문화교류

무스탕탕 & 로만탕 아이들

무스탕탕 대원들은 로만탕에 있는 학교를 방문했다. 학교는 학생이 28명, 교사는 5명 정도인 작은 학교였다. 무스탕 지역에서 가정 형편이 어려운 아이들을 위해 교육과 보육을 지원하는 곳이라고 한다. 학교에 도착했을 때 선생님께서 학교를 소개해 주셨다. 각 교실을 들어가 아이들과 가볍게 인사를 나눴는데 인원이 적어 소규모로 수업을 진행하는 방식이었다. 어린아이들은 유창한 영어 실력을 뽐내는 모습에 역시 다 부족 국가인 네팔에서 자라 어려서부터 티베트어, 네팔어 등 여러 언어를 접하기 때문에 언어에 대한 습득 능력이 대단한 듯 보였다. 무스탕탕은 종이비행기 접어서 날리기, 국기 그리기, 전통춤 추기 등의 활동을 함께 했다. 아이들에게 짜장밥을 만들어 줬는데 검은색 음식에 놀란 아이들도 있었다.

짧은 영어로 소통하던 아이들과의 시간은 오랜 나의 오만한 생각을 깨트려주었다. 내가 아이들보다 나은 것이 하나도 없었다. 배움에 대한 열정도, 미래에 대한 큰 꿈도 어느 하나 이겨낼 수 없었다. 우리의 방문이 그들에게 약자를 위한 응원이 아닌 재밌는 놀이 시간으로만 기억되었으면 하는 마음이 가장 컸다. 아이들과 손을 마주 잡고 한국에서 꼭 다시 만나자고 얘기할 땐 마음속 깊이 저림이 느껴졌다. 무스탕에 다시 방문할 기회가 주어진다면 망설임 없이 아이들을 또 만나러 가겠다는 작은 소망을 품게 되었다. 그땐 나도 조금 더 성숙한 청년이 되어있기를 바란다.

- 임채린

때 묻지 않은 아이들의 모습을 보며 대학 생활에 지쳐있던 내 마음이 많이 치유 받았다. 이곳의 선생님과 아이들이 김밥을 찾아서 어떻게 김밥을 알게 된 것인지 놀라웠다. 아이들과 놀기 위해 아이패드를 챙겨 갔는데 아이패드를 가지고 그림을 그리고 게임을 하는 아이들의 모습을 보며 나중에 이곳 무스탕에 다시 와 아이들에게 IT 봉사활동을 하고 싶다는 꿈을 품었다. 아이들의 얼굴이 가끔 생각난다. 풀삐리를 함께 불었던 콩가 초른, 손을 잡고 다녔던 체왕 펜저, 귀여웠던 럽쌍, 이 친구들이 그립고 다시 만나고 싶다. 부족했던 봉사활동이었지만 재미있게 즐겨준 친구들이 고맙다.

- 조재석 대원

처음 아이들과 만나 간단한 소개를 하고 어색한 분위기를 깨는 데 노력했다. 아이들은 간단한 영어를 할 수 있었고 소통에 있어 큰 어려움은 없었다. 한창 뛰어노는 것을 좋아할 나이라 주로 야외활동을 많이 준비해갔다. 준비한 활동들을 성공적으로 마무리한 후에 아이들이 우리에게 그 지역 전통춤을 알려주었다. 아이들은 함께 노래를 부르며 분위기를 더욱 즐겁게 해주었다. 노래 부르고 춤추며 미소 짓는 아이들의 모습이 기억에 강하게 남아있다. 봉사하는 것이 일방적으로 주는 것인 줄 알았는데 서로에게 좋은 영향을 줄 수 있다는 것을 깨달았다. 열악한 환경 속에서 교육에 성실히 임하는 아이들의 모습에 느끼는 바가 많았다. 지금 모습 잃지 않으면서 선한 영향력을 가진 아이들이 되기를 진심으로 응원한다.

- 변창혁 대원

처음 만나는 우리를 보고 부끄러워 피식피식 웃는 아이들이 귀여웠다. 아이들과 종이비행기 접기를 하였다. 종이비행기를 접은 뒤엔 색연필로 태극기도 그리고 네팔어와 한국어로 '반갑습니다. 사랑해요'를 적었다. 운동장으로 나가서 종이비행기 멀리 던지기 시합을 하였다. 당연히 상품도 준비하였다. 아이들이 전통춤도 보여주고 우리 또한 답가로 보답하였다. 그리고 마지막은 네팔 전통민요인 '레쌈삐리리'로 다 같이 피날레! 너무너무 행복하고 즐거운 시간이었다. 다시 학교로 돌아와선 무스탕탕의 주방장 준하가 준비한 맛난 짜장타임! 맛있게 먹은 뒤 비니를 나눠주고 헤어졌다. 우리가 눈에서 보이지 않을 때까지 마중 나와 인사하던 아이들이 아직도 눈에 아른거린다. 보고 싶다 얘들아!.!

- 강승일

누군가에게 음식을 해 주었던 적은 수없이 많았다고 하지만 사람들에게 그들이 처음 먹어보는 음식을 만들어 준 적이 있었던가 곱씹어 봐도 없었다. 내가 만든 음식들로 이 음식의 첫 인상이 정해지고 그 나라의 음식에 맛있다 또는 맛없다 라는 인식이 정해질 수도 있던 것이다. 나는 사실 그것에 대해 부담감을 느꼈었다. 거부감을 느끼는 것 같은 아이들도 있었지만 맛있게 먹어주었던 아이들도 있었기에 난생처음 느껴보는 감정을 느꼈다.

- 송준하

순수한 아이들의 미소와 청량한 노래소리가 아주 좋았다. 우리가 가야 한다고 하자 속상해하면서 밝게 인사해 준 아이들, 가끔 아이들이 불러준 노래를 들으면 무스탕으로 돌아간 것 같다. 귀여운 아이들과 함께 짜장밥을 먹어서 좋았다.

- 김가람

네팔 무스탕 탐사대 기록

1. 탐사대 행정

1) 항공

출국: 인천공항(7월 23일 10시 5분) ⇒ 델리(7월 23일 14시 20분)

경유: 델리(7월 24일 12시 25분) ⇒ 카트만두(7월 24일 14시 10분)

귀국: 카트만두(8월 12일 15시 15분) ⇒ 델리(8월 12일 16시 50분)

경유: 델리(8월 12일 21시 50분) ⇒ 인천공항(8월 13일 8시 15분)

항공 수하물 꾸리기 Tip

- 카고백은 총 14개 사용: 개인 1개씩(9개), 문화교류 계획 및 봉사활동 2개, 식량 1개, 공용 1개, 가이드 카고백 1개.
- 국제항공편 수하물 규정, 1인 23kg 수하물 2개까지 가능.
- 위탁 수하물 충격 방지를 위해 카고백 바닥에 매트리스를 깔았다.
- 우천 시 방수 대책으로 카고백을 꾸릴 때 대형 비닐 속에 넣은 수 카고백에 넣었다.

- 공기(산소) 캔의 경우 카고백 1개에 1개를 위탁 수하물로 보낼 수 있다. (사전에 이메일을 통해 성분표(MSDSO)를 첨부하여 문의했고, 답변내용을 캡처하여 수속할 때 확인했다.

2) 비자 발급

- 네팔은 비자가 필요한 국가이다.
- 사전 비자 신청: 주한 네팔대사관을 직접 방문 신청
- 도착 비자: 카트만두 공항에서 발급, 사전 비자 비용은 30일 기준 50달러이다. 카트만두 입국장에서 작성이 가능하나 더 편리한 입국 절차를 위해 네팔 이민국 홈페이지(https://nepaliport.immigration.gov.np)에서 도착비자 신청서를 미리 작성하고 출력해서 갔다.

3) 여권

탐사 중 여권을 분실할 경우를 대비하여 여권 사진 2매와 여권 사본을 1부씩 출력했고, 주네팔 한국 대사관의 위치를 미리 파악했다.

4) 네팔 입국 전 필수 구비 서류

서류명	발급처	비고	
		인도 입국	네팔 입국
영문 코로나19 예방 접종 완료서(2매)	정부 24 포털 및 동사무소	O	O
인도 비자 승인서	인도 e-비자 발급처	O	
네팔 비자 신청서	https://nepaliport.immigration.gov.np/		O
수비다	https://www.newdelhiairport.in	O	
네팔 코로나 문진표	https://ccmc.gov.np/arms/person_add_en.php		O

※ 수비다 및 CCMC는 국내에서 완료함.

5) 무스탕 탐사 준비서류

안나푸르나 국립공원, TIMS, 무스탕 지역 등을 출입하는 허가서가 필요하나 탐사대가 직접 신청은 불가능했고 대행사에 요청해서 발급받았다. 허가서는 좀솜, 카그베니, 추상, 로만탕에서 확인한다. 가이드가 허가서를 받으

러 갈 때 분실과 같은 만약의 상황을 대비해서 행정 대원이 항상 동행했다.

행정 담당자 소회

나름 나 홀로 배낭여행을 많이 다녀 입국 서류 관련해서는 자신 있다고 생각했었다. 그러나 코로나바이러스로 인해 입국 절차와 관련한 많은 부분이 바뀌었고 계속해서 바뀌는 코로나 상황 때문에 대처하기 쉽지 않았다. 또한, 해외 입국이기 때문에 관련한 모든 서류나 홈페이지가 영어로 되어 있어 본인의 부족한 영어 실력으로 서류를 작성하기 쉽지 않았다. 그러나 네팔의 경우 "네팔 히말라야 트레킹" 카페에서 많은 정보를 찾을 수 있었고 서류 작업을 마칠 수 있었다. 탐사를 떠나기 전, 탐사지에 대한 날씨(https://embed.windy.com/), 역사, 문화, 종교 등 탐사지에 대한 정보를 미리 찾아 대원들에게 공유했다. 많은 양의 서류를 보관해야 하므로 방수 필름이나 서류 보관함을 구비해 보관했다. 탐사 중에는 허가서나 팀스를 확인하는 장소가 탐사지 곳곳에 있기 때문에 바로 꺼낼 수 있도록 몸과 가까운 곳에 보관했고 분실이나 훼손 시 재발급이 어렵기에 지퍼백을 활용했다.

2. 탐사대 회계

1) 환전

- 네팔 화폐단위는 루피(NPR)이다. 2022년 7월 기준 1,000루피는 한화 10,470원 정도이다. 탐사대 경비는 달러로 준비해서 현지에서 대행사 비용은 달러로 지불하고 현지 지출은 달러를 루피로 다시 환전해야 한다.
- 환전 계산 앱 활용: 돈을 지출할 때는 오프라인에서도 달러를 루피로 변환할 수 있는 변환기 앱을 다운로드해 달러로 작성된 예산들을 네팔

루피로 계산하였다. 그리고 '트리버 포켓' 앱을 다운로드해서 돈을 지출할 때마다 날짜별, 항목별로 정리해서 입력했고, 따로 노트에도 지출한 목록들을 기록했다. 그리고 영수증을 받을 때 영수증 뒤에 날짜와 어떤 것을 주문했는지 간단하게 적어 보관하여 중간중간 영수증을 정리할 때 훨씬 수월했다.

2) 회계

- 간이영수증: 네팔에는 버스나 택시를 타면 영수증을 처리하기가 어렵다. 따라서 사전에 간이영수증을 만들어갔다. 간이영수증은 국문, 영문, 네팔어 버전 3가지로 만들어 100장 이상 구비했다.
- 영수증 보관 화일: 국내에서 파일을 준비해 가서 영수증을 구겨짐 없이 보관할 수 있었다.
- 지출 관련 의사소통 사전 준비: 사전에 내가 만든 간이 영수증이 무엇인지, 왜 간이영수증이 필요한지, '영수증 주세요.', '계산해 주세요.' 등등 회계할 때 필요한 모든 말들을 영어로 번역해서 휴대전화 메모장에 적어 두었고 상황에 따라 활용하였다.
- 현금 휴대 방법: 탐사에 활용하는 비용은 적지 않다. 한 명이 큰돈을 다 지니고 다니는 것은 위험부담이 크기 때문에 대장님과 부대장 그리고 회계 담당인 나 이렇게 세 명이 돈을 소분해서 들고 다녔다. 현지에서 현금을 소지할 때는 복대를 활용했고 돈은 2~3일 사용할 수 있는 금액만 지니고 이외의 금액은 자물쇠가 부착된 백팩을 활용하여 보관하였다. 부족한 돈을 보충할 때마다 노트에 항상 적었다.

회계 담당의 소회

회계 담당으로 정해진 예산 내에서 앞으로 쓸 수 있는 돈을 계산하고 지출한 돈을 계산하며 머리를 많이 굴렸었다. 초반에는 낯선 나라의 돈을 만지고 계산하고 기록한다는 것이 힘들었지만 밥 먹은 후 먼저 나와 계산하고 정해진 예산 내에서 얼마나 쓸 수 있는지 계산하고, 영수증을 처리했다. 덕분에 현지인들과 가장 가깝게 대화할 수 있었고, 고도가 높아지면서 비싸지는 물가를 보며 현지 물가도 파악할 수 있어 많이 배웠다.

처음에는 영어에 자신감이 없어 말조차도 못 꺼내고 영어 잘하는 대원을 시켰지만, 시간이 지날수록 정면 돌파를 해가며 영어를 못해도 자신감 있게 말을 할 수 있었다. 처음에는 어렵게만 느껴졌던 회계지만 내가 맡은 또 다른 역할인 의료보다 더 애정이 간 역할이다. 회계가 큰 돈을 만지고 20일 탐사 동안 모아둔 영수증을 정리해야 되는 부담감이 있지만, 그만큼 현지에서 많이 보고 배울 수 있는 역할이라고 생각한다.

3. 탐사대 운행

운행 담당의 소회

우리 '무스탕'팀의 탐사 대상지는 '어퍼 무스탕' 코스이다. 출국 전 어퍼 무스탕 정보를 조사할 때 어려움이 많았다. 어퍼 무스탕은 정해진 길이 있는 것이 아니었다. 여행사 또는 이미 다녀온 분들의 루트를 봐도 가지각색이었다. 또, 우리가 받은 일정표와 비슷한 경로로 코스를 다녀온 정보가 부족해 운행 거리와 소요 시간 등을 가늠하기 힘들었다.

네팔에 도착하고 탐사를 준비하며 무스탕 지역 지도를 샀다. 탐사 전날 지도를 확인하며 가이드와 상의했다. 출발시간, 점심 먹는 장소, 휴식 장소, 예상 소요 시간, 날씨 등을 확인하고 운행 당일 아침에 간단히 대원들에게 브리핑했다.

운행 일정 설정 시 중요시했던 규칙은 50분 운행 10분 휴식이었다. 국내에서의 훈련을 바탕으로 우리 팀에게 맞는 휴식 시간을 설정해 지키는 것이었다. 훈련마다 운행 시간과 휴식 시간을 기록해 두었던 것이 도움이 되었다.

운행이 시작되고, 다양한 변수들로 인해 예상 시간을 벗어난 경우가 많았다. 유실된 길, 낭떠러지 길, 낙석등 생각지 못한 길의 상태와 처음 겪는 고산병 증세와 더불어 대원들의 몸살감기 증세 등으로 쉬는 시간이 길어지고 예상 소요 시간에 맞춰 운행을 끝마쳤던 날들이 많지 않았다. 미리 대원들에게 소요 시간의 오차가 클 수 있다고 얘기하고 운행 중 지속해 남은 거리와 시간을 공유해 대원들의 힘이 빠지지 않도록 했다.

하산 중 다른 날들과 달리 압도적으로 긴 거리와 고도를 지속적으로 오

르고 내리는 구간이 있었다. 이미 다녀온 분들의 정보와 비교해 봤을 때도 어려움이 있다고 판단했고, 담당 에이전시에 문의 후 일정을 조율했다. 우여곡절 끝에 소요 시간과 거리, 고도를 계산해 운행 일정을 정하고 대원들에게 공유했다. 대원들의 집중력 덕에 아무도 크게 다치지 않고 무사히 목적지까지 운행을 마무리할 수 있었다.

4. 탐사대 수송

- 우천 대비: 네팔 몬순 기간(장마 기간)에 방문한 우리는 카고백 내/외부에 김장 비닐을 활용하여 우천 시에도 물건들을 담아 물건이 비로 인해 파손되지 않게 했다. 지프나 버스를 활용할 경우 지붕에 짐을 올리는 경우도 있기 때문에 중요했다.

• 당나귀 수송: 당나귀 등 양쪽으로 짐을 싣기 때문에 무게 균형을 잡아 주는 것이 좋다(1마리당 40kg). 조식 전에 마부가 짐을 싣기 때문에, 매일 식사 30분 전에 마대 패킹까지 마무리하고, 2개씩 짝을 지어 마대 바깥에 숫자로 표기하였다.

수송 담당자 소회

짐을 실으려고 다른 대원들보다 일찍 일어나 미비한 부분이 없는지 확인해야 했다. 반복되는 아침 패턴에 몸이 지치긴 했지만 전 대원이 함께 준비했기에 수고를 나눌 수 있어서 고마웠다. 당나귀에 짐을 실을 때는 양쪽 균형이 중요했다. 2~3일에 한 번씩 짐 무게를 다시 확인했고, 식량 또는 공용 장비를 사용한 날에는 빠진 무게를 감안하여 물건 배분을 다시 하곤 했다. 식량 카고백에서 갈치속젓이 터져 엄청난 냄새가 풍겼다. 밀봉을 뜯으면 뜨거운 날씨에 상할 것이라 예상하여 플라스틱 통 그대로 들고 간 것이 화

근이었다. 식량 담당과 상의하여 챙겨간 랩과 테이프를 백분 활용하지 못한 것이 아쉬웠다.

5. 탐사대 장비

1) 공용장비 & 사용 Tip

- 야영 장비: 텐트(대형 1개, 중형 1개, 소형 1개)
- 돔 랜턴(3개): 충전식이라 간편했지만, 배터리가 내장되어 있어 기내 휴대만 가능해서 잘 체크해야 한다.
- 타프(1개): 비가 올 때, 혹은 햇빛이 강하게 내리쬘 때 비를 피해주는 안식처가 되어주었다.
- 노끈: 마대를 묶을 때, 텐트 등 무언가를 고정할 때 등등 여러 방면으로 도움이 많이 되었다. 다만 처음에 산 노끈은 얇고 잘 찢어져 좀 두께가 있는 노끈으로 바꾸었다.
- 아쿠아 탭스(100정): 물이 떨어지거나 부족할 때를 대비해 가져갔지만, 마을마다 물을 쉽게 구할 수 있어 쓸 일이 없었다.
- 코인 물티슈(500개): 밥을 먹고 난 뒤에 시에라 컵을 닦을 때나 물티슈가 필요할 때 유용하게 쓰였다. 부피가 작고 가벼워 굉장히 편리했다.
- 소형 테이블(2개): 밥을 먹을 때 소형 테이블이 있어 식사할 때 유용하게 쓰였다.
- 청테이프(4개), 박스테이프(4개): 김장 봉투와 마대가 수송 후에 찢어져 있을 때 테이프로 붙여 응급처치하였다. 테이프 같은 경우엔 손으로도 쉽게 자를 수 있는 테이프가 다른 것보다 편리하게 쓰였다.
- 라이터(5개), 성냥: 고산에서는 라이터가 안 될 수도 있어 성냥도 같이 준비해 갔다.
- 케이블 타이: 카고백에 자물쇠 대신에 케이블 타이로 결합하거나 다른

것들을 단단히 조일 때 사용되었다.

- 마대(15개), 김장 봉투(15개): 카고백 겉에 씌워 당나귀에 실어 수송할 때 오염 방지에 사용했다. 준비한 마대가 생각보다 작아 현지에서 다시 사야 했다
- 손저울(2개): 카고백 무게 측정. 당나귀에 실을 때 무게를 맞춰야 했기에 손저울은 필수 장비다. 하나가 배터리가 소진되어서 남은 하나까지 소진될까 애간장을 태웠다.
- 지퍼백 (대/중/소 각 70개씩): 지퍼백은 개인 행동식을 나누고 각자

발생하는 쓰레기들을 넣거나 개인의 취향에 따라 쓰였다. 많이 쓰이진 않아 생각보다 많이 남았다.

- 강력 접착제(2개): 떨어진 물건들을 붙이거나 대한산악연맹 마크, 오지탐사대 마크를 모자, 재킷 등에 부착할 때 사용된다.
- 자물쇠 18개: 수송 중에 분실의 위험이 있기에 카고백을 자물쇠로 잠가두었다. 18개 모두 비밀번호를 같게 하여 편리하였다.
- 카고백 옆면에 장비 목록 체크 종이를 따로 만들어 누구든지 카고백 안에 어떠한 장비가 있는지 확인할 수 있도록 하였다.

2) 개인장비

- 의류: 고어텍스 재킷, 방풍 재킷, 우모복, 티셔츠(동계, 하계용 총 4개), 바지(동계, 하계용 총 3개), 바라클라바, 비니, 버프, 스카프, 장갑(스트레치 장갑, 동계 장갑), 우의
- 신발: 동계용 등산화
- 등산 장비: 배낭, 등산 스틱, 해드 랜턴, 스패츠, 수통, 침낭, 매트리스

★ 위 개인장비는 청소년오지탐사대 후원사 콜핑 지원 ★

개인장비 사용 Tip

- 침낭, 침낭 커버, 매트리스: 침낭이 따뜻해 우리 모두 편히 잠들 수 있었다. 국내 훈련에선 텐트가 아닌 밖에서 침낭 커버에만 의존해 잘 때도 많이 있었다.
- 재킷(우모복, 고어텍스, 플리스, 바람막이), 우의: 운행 중 날씨가 어떻게 변할지 모르기에 항상 플리스, 고어텍스 재킷, 우의를 배낭에 지니고 다녔다. 또한 저녁에는 강풍과 함께 기온이 뚝 떨어지기 때문에 우모복을 애용했다.

- 옷을 입는 방법은 그날 날씨에 따라 전날 대원들과의 상의를 통해 다음날 어떻게 옷을 입을지 회의하였다.
- 신발: 등산화, 트래킹화, 앞이 막힌 슬리퍼 준비. 탐사를 마치고 저녁에 슬리퍼 착용을 하면 좋다. 무스탕은 돌이 많은 황무지라 발가락 보호를 위해 대원 모두 앞이 막힌 슬리퍼를 준비하였다.
- 배낭/배낭 커버: 네팔이 우기여서 비가 자주 내렸다. 탐사 중에 배낭 커버를 상시 씌웠다. 배낭 커버를 씌웠을 때 대원들 간에 배낭이 구분이 힘들어 배낭 커버에 각자 별명을 써서 구분했다.
- 스틱: 국내 훈련이나 탐사 도중 스틱이 부러지거나 파손되는 일이 적지 않았다. 내구성이 좀 더 좋았으면 하는 아쉬움이 있다.
- 울 양말(4켤레): 울 양말은 일반 양말보단 발을 잘 잡아주고 땀 배출에 효과적이었다. 그래서 하루 신으면 다음 날 말려주는 식으로 번갈아가면서 신었다.
- 헤드 랜턴: 탐사는 안전을 위해 낮에만 진행되었지만, 혹시 모를 상황에 대비해 항상 배낭 제일 위에 가지고 다녔다. 또 저녁에 생활할 때 없어서는 안 되는 필수품이다.
- 고글 2개(여분 1개 포함): 안구 보호를 위해 고글을 탐사 중에 상시 착용하였다. 잃어버리거나 파손되었을 때를 대비해 개인당 1개씩 더 준비하였다.
- 크로스백: 탐사 도중에 사용하진 않았지만 공항이나, 카트만두에서 가지고 다녀야 할 물품들이 있을 때 유용하게 쓰였다.
- 모자(카라반, 볼캡, 비니 2개): 비니의 경우 머리로부터 빠져나가는 체온을 유지해 고산병에 걸릴 위험성을 낮춰준다. 그렇기에 비니도 지급받은 것 외에 추가로 하나 더 준비해 갔다.
- 쿨 토시, 스카프: 자외선으로부터 피부 보호와 땀이 났을 때도 효과적

이었다.

- 장갑: 보온 장갑과 일반 장갑을 준비했다. 바위가 많은 황무지인 무스탕에서 우리들의 손을 지켜주었다. 또한 자외선으로부터 손도 보호해 주었다.
- 기타: 기록(노트, 펜), 수저, 시에라 컵, 세면도구, 자외선 차단제, 스포츠 타올 등
- 샤워하거나 면도하는 행위는 고산병을 초래할 가능성을 높이기 때문에 샴푸나 바디 워시, 면도기는 카고백에 넣어 배낭의 무게를 줄였다.
- 매일 저녁 피드백 회의 및 탐사 일지 작성을 위해 A5 이상 크기의 노트와 펜을 항상 소지하고 다녔다.

장비 담당자 소회

사실 출국 1주일 전 코로나19에 감염되어 2박 3일 짐 패킹에 참여하지 못하였다. 그래서 격리 중 다른 대원에게 장비 목록들을 챙겼는지 확인하였으나, 막상 네팔에 도착해 장비 확인을 하였을 땐, 몇 가지 빠진 장비들이 있어 현지에서 추가로 구입하였다. 또한 수송과 함께 일할 경우가 필연적이다. 각 카고백에 어떠한 장비들이 들어있는지 확인, 또 확인하였다. 장비(역할)도 모르게 카고백에서 공용장비가 다른 카고백으로 옮겨지거나 없어지는 일이 없도록 공용장비를 사용할 일이 있으면 말해달라고 미리 대원들에게 신신당부하였다.

6. 탐사대 식량

1) 국내 준비

- 현지에서 구하기 힘들거나 가격이 비싼 식재료를 위주로 구매했다.
- 보관과 유통기한이 긴 통조림 위주로 구매, 고열량 에너지바와 육포, 젓갈, 진미채, 멸치볶음 등을 준비했다.
- 젓갈과 같은 물기가 많은 식품의 경우 진공포장이 불가능해 새어나가지 않도록 철저한 패킹을 했다.

2) 현지 구매 식재료

- 카트만두에서 행동식(초콜릿, 사탕, 과자 등)과 운행 중 필요한 홍차 티백, 미네랄워터, 문화 교류 때 필요한 쌀을 구매했다.
- 미네랄워터의 경우 기존에 수돗물을 정수해서 사용한다는 계획을 세웠었지만, 카트만두에서 콜레라가 유행인 점, 가축의 분뇨로 인해 수돗물이 오염됐을 가능성이 매우 높은 점을 고려해서 미네랄워터를 운행 중에도 수시로 구매했다.

- 감자나 양파와 같은 신선 제품은 좀솜에서 일괄 구매했고 운행 중 규모가 큰 마을에 들릴 때마다 부족한 행동식을 구매했다.
- 무스탕 지역에서 판매하는 가공식품의 경우 유통기한이 지났을 가능성이 있어 구매할 때 유통기한을 수시로 확인하며 구입해야 한다.

3) 행동식 & 차

- 에너지바, 사탕, 과자, 육포: 특히 육포가 염분도 보충하고 대원들에게 인기가 많았다. 네팔에서 파는 과자나 사탕의 가격이 상당히 저렴해서 부족한 과자는 현지에서 조달할 수 있었다.
- 홍차 티백: 고산증세 예방을 위해 따뜻한 물을 많이 마셔야 한다. 따뜻한 물을 마실 때 물을 끓일 때 홍차 티백을 넣어 물비린내를 없앴다.
- 보리차, 옥수수차: 매일 홍차를 마신다면 질리고 홍차 특유의 향을 싫어하는 경우가 있기 때문에 한국에서 파는 보리차나 옥수수차 티백을 미리 준비해 질리지 않고 기분 좋게 물을 마실 수 있도록 하는 것이 좋겠다.

식량 구매 Tip

식량을 구매할 때 부족하지 않되 너무 많이 구매해서는 안 된다는 기준을 정했다. 식량은 무게가 상당하기에 너무 많이 구매해 남게 되는 식량은 버려지거나 각자 집으로 들고 가는 불필요한 짐 이 될 뿐이라 생각했다. 국내에서 한식 위주의 부식들은 오랜 보관을 위해 통조림 형태로 구매하였고, 현지에서 구매할 채소 및 가스 등의 물품들은 행정을 통해 현지에 구매 여부를 확인하고 계획을 세웠다. 국내에서 대원들의 기호식품 조사를 하여 실제 탐사 도중 고산병으로 인해 입맛이 떨어졌을 상황 대비를 위한 행동식으로 에너지바, 사탕, 육포, 라면 등을 구매했으며, 대원들이 주문한 진미채와 멸치볶음은 진공포장을 해서 가져갔고 각종 젓갈을 구비했다. 국내에서 짐 패킹을 할 때 수송과 상의하여 현지에서 구매할 물품을 따로 정해 고려해두고 식량 카고백에 여유 공간과 여유 무게를 남겨두었다.

4) 탐사 중 식사

우리는 운행 중 삶은 계란이나 빵 등을 포장하여 점심을 해결하였다. 또한 아침, 저녁 취사는 롯지에서 주방을 빌려 사용했고 대원들의 입맛이 떨어졌을 때 한국에서 가져온 부식들을 적정량 사용했고 그날 밥상은 깨끗이 비울 수가 있었다.

현지에서의 물은 축사 등으로 인해 오염된 물이거나 정수되지 않은 수돗물일 가능성이 있어 함부로 마시면 안 된다. 우리는 중간중간 마을에서 미네랄워터를 구매하여 마셨고 수돗물을 끓여 마셨다. 매일 밤 차 당번을 정해 날진 통에 끓인 물을 담아 침낭에 넣고 온도 유지 및 수분 섭취를 강조했다. 카고백 운반은 생각보다 크게 흔들리고 다소 거칠게 다뤄졌다. 그래서 젓갈을 담아온 플라스틱 뚜껑이 깨져 젓갈이 새어 나와 심하게 냄새가 나기도 했고 여러 포장식품이 깨지면서 내용물이 흘러나오는 경우가 많이 발생했다. 또한 우리는 고산에 적응되어 있지 않은 상태에서 한국의 매운 라면과 같이 자극적인 음식을 먹어 설사나 복통 등 고통을 호소하는 대원들도 있었다.

5) 조리역할 분담

조리는 식량 담당의 역할이 아니라 대원 모두가 나눠서 맡아야 하는 일이다. 식량 담당은 조리사가 아닌 식단을 관리하고 조리를 총괄하는 역할을 맡아야 한다. 모든 취사를 식량이 혼자서 맡게 된다면 식사를 준비하는 시간도 오래 걸리고 항상 자신의 휴식 시간을 쪼개면서 식사를 준비해야 하므로 스스로 컨디션을 관리할 수 없다는 단점마저 생기기 마련이다. 그래서 우리는 국내 훈련 때부터 아침 점심 저녁으로 식사 당번을 정해 식사를 준비했다. 그러나 실제 탐사 중에는 직접 조리하는 일보다 롯지에서 음식을 사 먹는 일이 많았기 때문에 당번을 정해 식사를 준비할 필요는 없었다.

식량 담당자의 소회

탐사 시작 전 가이드에게 산 위에선 식량 담당이 대장이라는 말을 들었다. 그만큼 식량은 탐사 중 가장 중요한 역할이라는 뜻이다. 식량 담당은 항상 부지런하게 움직여야 하며 다른 대원들의 체력을 담당하는 만큼 본인의 컨디션 유지 또한 특별히 신경 써야 했다. 의료와 마찬가지로 그날그날 대원들의 컨디션과 몸 상태를 살피고 계획대로가 아닌 유연하게 식단을 바꿔

가며 운영해야 한다. 국내에서 여러 레시피를 익히고 있던 덕분에 현지에 가지고 간 식재료들로 고추장찌개를 끓여 대원들의 기운을 끌어올리기도 했다. 하지만 나는 장비 사용 미숙으로 마을 하나를 통째로 불태울 뻔했다. 가스와 버너를 사용할 때는 특별히 주의가 필요하며 취사도구 사용법에 대해 철저히 익히고 준비했어야 했다. 운행 컨디션은 아침 식사에, 가장 힘들고 지쳐있을 순간을 회복하는 힘은 점심 식사에, 건강한 하루 운행의 마무리는 저녁 식사에 있다고 생각했다. 대원들의 최상의 컨디션을 위해 노력했고, 그 마음을 알아주는 대원들의 '맛있다', '고맙다'는 인사에 더욱 힘을 내어 탐사를 마무리할 수 있었다.

7. 탐사대 의약품

1) 의약품 목록

- 내복 약: 타이레놀, 탁센, 타나센, 나렉신(소염진통제), 소화제, 고소 예방(소로치)내복약은 고산병과 몸살감기를 대비하여 타이레놀을 100정을 챙겨갔다. 소염진통제와 일반 진통제를 각각 챙겨가 증세에 따라 적절히 활용하였다. 복통과 설사를 하는 경우를 대비하여 정로환을 약 80정을 챙겼다. (1회 4정 복용, 소수의 인원이 오랜 기간 증세를 보였기에 약간 모자랐다) 또한 모든 대원이 병원에서 몸살, 감기 및 설사에 대하여 최소 3일 치 이상 처방 약을 받았다.
- 외상 약: 포비돈, 알코올스왑, 후시딘, 마데카솔 분말, 화상치료제, 네오 밴드, 탈지면, 메디플러스 3M 종이 반창고, 거즈, 붕대, 탄력붕대
- 기타: 산소포화도 측정기, 버물리엑스액, 모스키토 밀크 해충기피제, 신신에어파스, 붙이는 파스, 키네시오테이프, 인공눈물, 안약, 코로나 자가진단키트, 핀셋, 가위, 면봉, 실과 바늘, 의료 파우치 등
- 내복 약품, 외용 약품을 나눠 담았다. 내복 약품은 오염되거나 물이 묻

으면 안 되기에 락앤락 통에 처방 약과 일반 알약들을 나눠 담았다. 외용 약품은 터지기 쉬운 연고류, 소독류들은 지퍼백에 따로 담고 락앤락 통 안에 담았고 그 외에 터질 위험이 없는 것들은 파우치에 담았다.

2) 의료 일지

아침마다 대원들의 컨디션을 체크했다. 대원들에게 아픈 부분과 불편한 부분이 있다면 즉시 알려주기를 당부했고 다행히도 운행하는 동안 대원들은 스스럼없이 알려주었고 전체 대원에게도 공유하였다.

탐사 준비를 하는 날부터 대원들이 아프기 시작했다. 결론적으로 말하자면 탐사 기간에 모든 대원이 1번씩은 꼭 아팠다. 15시간이라는 장시간 흔들리는 버스를 타고 온갖 먼지를 다 마시며 탐사지까지 이동하니 몸살이

걸린 대원들이 생겼다. 밤마다 열이 올라 해열 패치를 붙여주며 열을 식혔고 몸살감기 처방 약을 주었다. 다행히도 임채린 대원은 탐사를 떠나기 전에 호전이 되었지만, 변창혁 대원은 탐사가 끝날 때까지 호전되지 않았다.

막내 김가람 대원이 탐사 첫날부터 몸살 증세를 보이더니 이튿날엔 부축하지 않으면 못 걸을 정도로 아팠다. 점심에는 처방 약 말고 타이레놀을 주니 김가람 대원은 처방 약보다 타이레놀이 더 효과가 좋았다고 했다. 그리고 아픈 대원들에게 여러 약을 사용해 보니 처방 약보다 대중적이고 약국에서 파는 타이레놀 같은 일반 약들이 더 효과가 좋고 부작용이 덜 했다.

탐사 기간 4,200m 고산지대를 걸어야 되고 3,800m가 넘는 곳에서 숙박했기에 고산병이 올 수 있는 상황이면 수면 전에 모든 대원이 타이레놀을 1정씩 먹었다. 운행 도중 고산지대에 올라가 머리가 아프거나 고산증세가 심한 대원들도 타이레놀을 복용해 증세가 완화 되었다.

의료 담당자의 소회

탐사를 떠날 때 가장 중요하다고 생각했던 부분이 의료이다. 대원들이 운행 중 다치거나 아플 때 의료가 적절한 판단으로 응급처치해야 한다. 그래서 탐사를 떠나기 전 의료 공부를 많이 했다. 장기간 트레킹으로 무릎이나 관절이 무리가 될 수 있기에 관련된 강의를 일부 대원들과 수료하여 숙지하였다. 운행 도중 의료 역할을 하지 못할 때를 대비해 테이핑 방법, 먹는 약 복용 방법 등을 문서화하여 사전에 대원들과 공유하였다.

의료를 담당하며 가장 먼저 생각했던 것은 나의 건강이다. 의료로써 내가 컨디션이 좋아야 다른 대원을 생각하고 돌볼 수 있기 때문이다. 그래서인지 항상 조심히 다니고 롯지에 도착해서는 보온 유지에 각별히 신경을 썼다. 대원들이 열도 심하게 나고 몹시 아프니 초반에는 약에 너무 의지해 남용했던 것 같다. 탐사 중후반 부에는 심하게 아프지 않은 이상 약을 주지 않고 대원들이 스스로 적응하고 극복하게 했다. 그리고 훈련 때는 대부분 대원이 무릎과 발목에 테이핑하고 운행했는데 무스탕에서 운행하는 동안에는 고소에서 트레킹에 적응하도록 테이핑도 무릎 보호대도 착용을 하지 않고 운행을 했다. 결과적으로 테이핑으로 도움을 받지 않아도 모든 대원이 큰 통증 없이 운행을 끝마칠 수 있었다. 오지탐사대 답게 물리적인 도움 없이 대원 모두가 스스로의 힘으로 극복해 나가는 모습을 보며 그리고 모든 대원이 아팠었지만 아무도 외상을 입지 않고 무사히 완주한 것이 의료 담당으로서 대원들이 정말 고맙다.

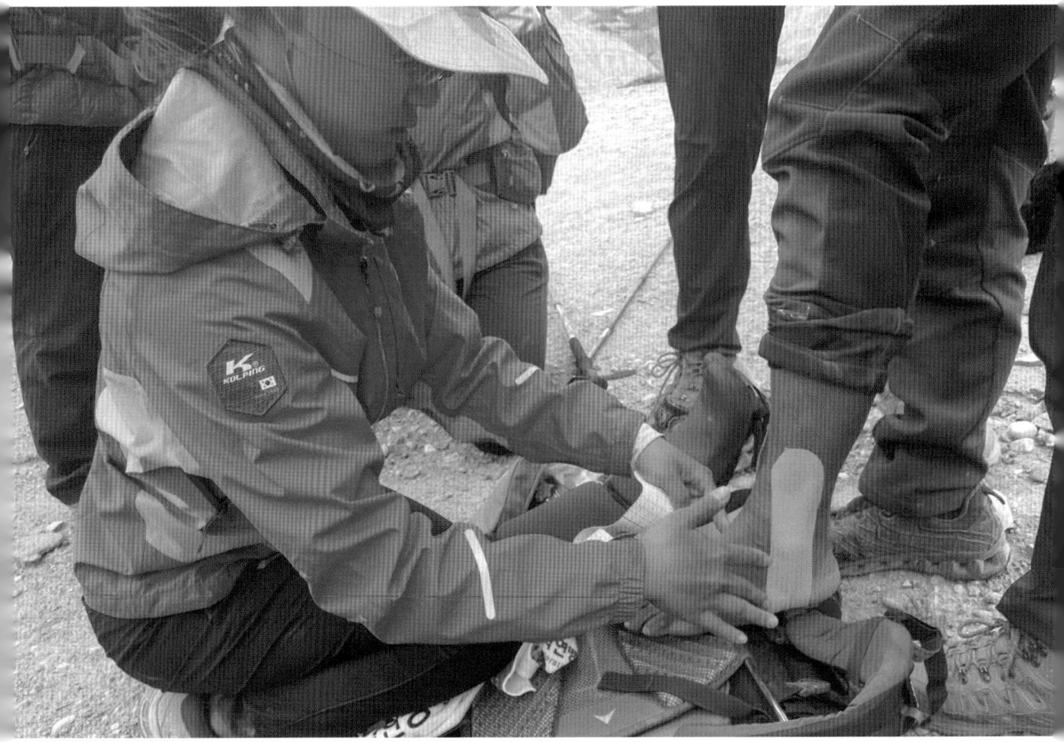

8. 탐사대 촬영

1) 촬영 장비

- 아이폰 12 프로맥스 256GB
- 캐논 DSLR 1대
- 소형/대형 삼각대 각 1대
- 외장하드 1TB
- 보조배터리 20,000mah 2대, 충전기 2대
- 노트북 1대

2) 백업 및 배터리

우리는 대원들은 모두 아이폰을 사용하고 있어서 에어드롭을 통해 원본 사진을 공유하였다. 외장하드 1TB와 노트북을 활용하여 2일에 1번씩 사진과 영상을 백업해 두었다. 보조배터리와 노트북 충전 선을 꼭 챙겨 가야 한다. 운행 중 배터리를 충전할 수 있는 곳이 있다면, 충분히 충전해야 했다. 우리는 변압기가 필요 없었기에 조금은 수월하게 충전할 수 있었다.

사진 촬영 담당자 소회

아웃도어 테스트 당시부터 촬영을 줄곧 담당했던 터라 이번 탐사에서도 촬영을 자원했다. 탐사 기간 우리 대원들의 모습과 현장을 잘 담아주고 싶은 욕심이 있었다. 인도 항공 규정상 드론을 반입할 수 없었고, 기타 액션캠 및 촬영 기기를 대여하지도 않았다. 전문적인 기기를 다뤄 본 적 없었기에 제일 손에 익는 기기를 활용하자는 것이 우리의 판단이었다. 우리는 각 대원의 휴대전화로 촬영을 하기로 했기에 엽기사진, 풍경, 개인 인터뷰 등등 콘셉트를 구분하여 담당을 정했다. 마지막에 자료를 모았을 때 굉장히 다양한 순간들을 포착할 수 있어서 촬영의 결과물이 퀄리티가 높았다. 몬순 기간(장마 기간)이었기에 촬영 장비 방수가 제일 중요한 포인트였다.

종류별로 지퍼백에 담아 하드케이스에 담았고, 하드케이스 겉에도 비닐을 씌워 배낭에 넣고 다녔다. 산행하며 챙기기엔 무게가 상당했다. 그런데도 우리 탐사대의 모습을 고스란히 담아내야 한다는 책임감에 열심히 렌즈를 들이밀며 촬영을 포기하지 않았다. 웅장한 자연 아래에서 우리가 걷고 또 걷는 모습은 상당한 감동을 주었다. 지치고 다리에 힘이 풀리더라도 끝까지 포기하지 않는 선두 가람이부터, 본인 페이스를 절대 유지하기 힘든 후미 재석이까지. 자연 속에서 한 팀이 되어 걷는 모습이 정말 아름다웠다. 고산을 오르는 일이 몸도 지치고 숨 쉬는 것도 쉽지 않았다. 이때 대장님이 먼저 앞서가서 촬영을 도맡아 도와주셨다. 드론이 없으니 직접 항공 샷을 찍고자 하셨다. 그렇게 도움이 없었다면, 지금의 사진들과 영상이 나올 수 없었을 것이다. 촬영을 담당하면서 대원들을 향한 애정이 늘어난 것 같다. 대원들의 표정을 담을 수 있어서 그랬는지, 운행 중 힘든 얼굴, 식사가 즐거운 얼굴, 아침 일찍 피곤한 얼굴 등 말하지 않아도 대원들의 컨디션이 보였고, 더 잘 이해할 수 있었다. 촬영을 담당한 것을 후회한 적이 없을 정도로 너무나도 매력적인 역할이라고 생각한다.

9. 탐사대 기록

1) 기록 준비

탐사 중에 대부분 수기로 기록하기 때문에 수첩을 2개 이상 여유롭게 준비했다. 추위와 높은 해발고도로 인해 펜이 고장 날 수 있으므로 여러 종류의 펜(삼색 펜, 일반 펜, 두꺼운 펜 등)을 준비했다. 또한, 수첩을 바지 주머니에 넣고 다니면 땀으로 인해 찢어지거나 기록한 내용이 지워질 수 있고, 비나 습한 날씨로 수첩이 훼손될 우려가 있어 방수되는 부착용 포켓을 준비했다. 수첩을 사용하지 못하는 상황에는 휴대전화 메모장을 사용해야 해서 충전용량 20,000mah 보조배터리 2개를 준비했다.

2) 기록 포인트

기록을 전반적으로 상세하게 작성하는 것의 핵심은 시간대별 기록보다 각 대원별 사건사고를 기록하는 부분이다. 예를 들어 체조하기 위해 모이던 중 자빠져 넘어진 대원이나 입국장에서 지문이 닳아 입국 심사를 통과하지 못한 대원, 탐사 중에 대원과 똑같이 생긴 현지인을 만난 일 등 대원마다 있었던, 어떻게 보면 사소하다고 생각되는 일까지 기록했다. 이를 위해선 항상 대원들의 모습이나 행동, 주고받는 말들을 주의 깊게 관찰하고 달라지는 점을 바로 파악해야 했다. 또한, 탐사 기간에 진행하는 회의에서 서기 역할을 맡아 회의 중에 오가는 의견을 정리하여 기록했다.

운행 중 절벽이나 낙석 구간, 급경사 구간을 지나칠 때가 잦아 해당 구간에선 휴대전화로 사진을 찍거나 해당 시간을 캡처한 후 안전 지역에서 수첩에 기록하였다.

3) 기록 장비

대부분 기록은 수기로 작성했으나 수기 기록이 불가능한 상황에선 휴대전화로 사진을 찍거나 시간을 캡처해 이후 다시 수첩에 기록하였다. 또한, 운행 중 위치 파악은 MAPS.ME라는 지도 앱을 이용했다. 미리 한국에서 무스탕 지역 지도를 다운로드한 후 운행 거리나 현재 위치 예상 거리를 파악하는 데 큰 도움이 되었다. 다른 대원보다 휴대전화를 사용하는 빈도가 높아 배터리가 방전되지 않도록 큰 용량의 보조배터리를 준비했다. 그러나 큰 용량의 보조배터리는 무겁고 부피가 커 휴대하기 불편하다. 따라서 10,000mah 정도의 적당한 크기의 보조배터리 2~3개를 챙겨가는 것을 추천한다. 운행 중 롯지마다 충전시설이 마련되어 있지만, 전류 공급이 원활하지 않기 때문에 가급적 보조배터리 사용을 권장한다.

기록 담당자 소회

기록 담당을 맡으면서 탐사 중에 일어난 모든 일을 기록하려 노력했다. 기록한 내용이 탐사 보고서를 작성하는 데 큰 영향을 미치기 때문에 출발 및 도착 시각과 휴식 시간, 식사 시간, 부상자, 대원 상태 현황 등을 상세하게 기록하려고 노력했다. 물론 각 대원이 자신이 맡은 역할에 관련된 기록을 별도로 하지만, 각 대원의 역할 상황을 전체적인 시각에서 기록하는 역할을 기록 담당이 맡아야 한다고 생각했다. 대원이 기록하면서 누락한 부분이 있더라도 기록 담당의 기록을 보며 보완할 수 있고 추후 보고서를 작성할 때도 유용하게 사용할 수 있기 때문이다.

고대 시대에 있었던 일들을 그때 남긴 기록을 통해 알 수 있는 것처럼 기록은 일반 사람들이, 그리고 미래의 오지탐사 대원들이 우리의 발자취를 확인할 수 있는 거의 유일한 방법이라고 생각한다. 따라서 기록을 담당한 대원은 책임감을 느끼고 성실하게 최선을 다해 역할에 임해야 한다.

Australia

Tasmania

호주 태즈메이니아

2022
TEAM OUTBACK
Team OUTBACK

호주 태즈메이니아

태즈메이니아는 호주 최남단에 위치하고 있으며, 면적이 62,409km^2에 달하는 제주도보다 34배의 큰 섬이다. 부속 도서까지 합하면 68,401km^2으로 남한 영토의 62.2%, 한반도 및 부속 도서 전체의 28.3% 정도의 크기이다. 반면 인구는 51만 명 수준으로 제주도보다 조금 적다. 태즈메이니아는 전체 면적의 60%가 국립공원으로 지정되어 있으며, 20%는 세계 유산 지역으로 등재되어있을 만큼 '호주인들이 가장 살고 싶어 하는 곳'이고, 야생 그대로의 자연환경을 만끽할 수 있는 곳이다. 이 섬에 유럽인 최초로 도착한 아벨 얀손 타스만(Abel Janszoon Tasman)의 이름을 따서 태즈메이니아로 불리고 뉴질랜드와 호주 사이의 바다는 '태즈메이니아 해'라고 불린다.

오버랜드 트랙

오버랜드 트랙은 세계 10대 트레킹코스에 속한다. LNT를 기반으로 자연을 그대로 보존한 트레커들의 천국이다. 정통코스는 북쪽 크래이들 마운틴에서 남쪽의 세인트클레어 호수까지 65km 거리로 종주에 5박 6일이 걸린다. 세계의 많은 트레커들이 시즌(10월 초~다음 해 5월 31일)을 즐기기 위해 예약 전쟁을 벌이는 코스이다. 예약은 단 몇 분 만에 끝나기도 하고 한꺼번에 너무 많은 사람이 접속하여 사이트가 다운되기도 한다. 탐사대 일정은 동계 시즌이라 하루 24명만 입산이 가능한데도 예약에는 어려움이 없었다.

오버랜드 트랙으로 접근하기 위해서는 태즈메이니아 주도인 호바트시에서 남쪽 출발지인 세인트 클레어호수로 가거나 태즈메이니아 북부 도시 데븐 포트시에서 북쪽 출발지인 크래이들 마운틴 방문자센터로 가는 방법이 있다. 단, 시즌(10월 ~ 다음 해 5월)중에는 반드시 북에서 남으로 일방통행

트레킹만 가능하다. 오버랜드 트랙은 65km의 거리지만 사이드 트립 코스로 불리는 등반코스들이 곳곳에 널려있어 최장 105km의 트레킹도 가능하다. 호주 최고봉인 오사산도 사이드 트립으로 등반이 가능하다.

프레이시넷 서킷

프레이시넷 서킷은 약 32km 길이의 트레일 으로 프레이시넷 국립공원에서 가장 멋진 풍경을 보여준다. 모래사장 해변, 바위 동굴, 주황색 화강암, 숲, 야생을 느낄 수 있다. 세계 10대 해안 중 하나인 와인 글라스 베이가 대표적이다.

마리아 아일랜드

마리아 아일랜드는 태즈메이니아주의 동쪽 해안인 태즈먼해에 위치한 산악섬이다. 115.5km^{2}의 이 섬은 마리아 아일랜드 국립공원에 포함되어 있으며, 여기에는 섬의 북서쪽 해안에서 떨어진 18.78km^{2}의 해양 지역이 포함된다. 섬의 길이는 북쪽에서 남쪽으로 약 20km고 가장 넓은 곳에서 서쪽에서 동쪽으로 약 13km이다.

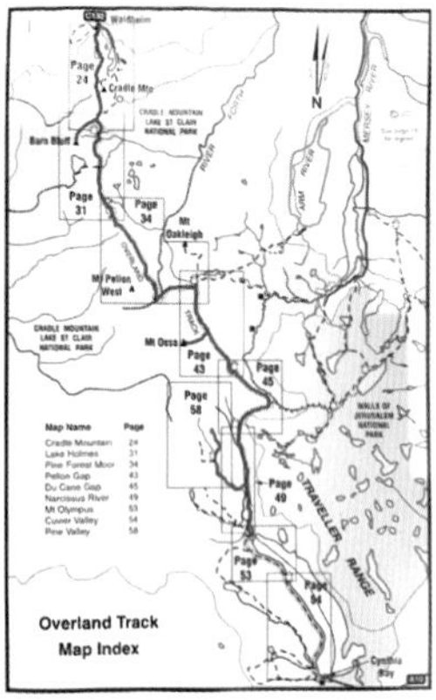

오버랜드 트랙(86.2km)

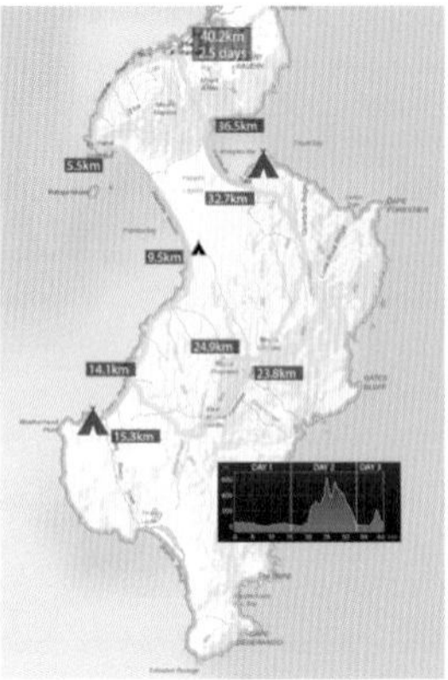

프레이시넷 서킷(40.2km)

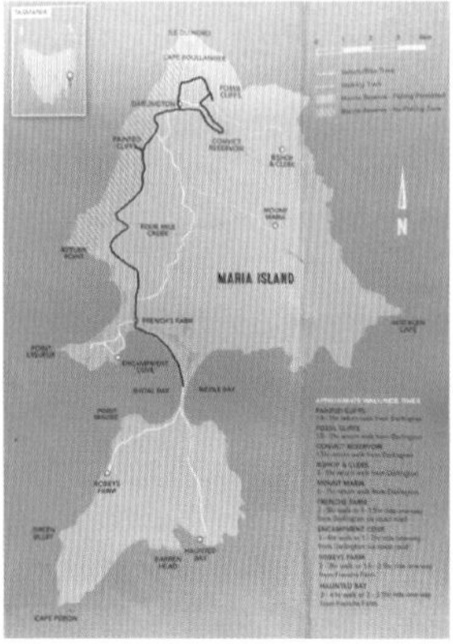

마리아 아일랜드트랙(40.5km)

호주 태즈메이니아 탐사대 일정

2022년 7월 23일 ~ 8월11일(20일)

7월 23일

인천공항 → 쿠알라룸푸르 (경유) → 멜버른

7월 24일

멜버른 → 호바트

7월 25일

크레이들 방문자 센터 → 론니 크릭 → 워터풀 밸리 헛

7월 29일

듀케인 헛 → 윈드릿지 헛 → 파인밸리 헛

7월 30일

아크로폴리스 → 파인 밸리 헛

7월 31일

나르시서스 헛 → 세인트 클레어 호수 → 와이에이치에이 호바트 센터

8월 4일

와인 글라스 베이 해변 캠핑장

8월 5일

트리어번나 → 마리아 섬 → 파실 절벽 자전거 탐사

8월 6일

프렌치 농장 → 쇼알 베이

8월 10일

호바트 → 멜버른 → 쿠알라룸푸르

8월 11일

쿠알라룸푸르 → 인천공항

7월 26일

반블러프 → 워터폴 밸리 헛

7월 27일

윈드메어 호수 → 윈드메어 헛 → 뉴 펠리온 헛

7월 28일

펠리온 갭 → 오사산 → 펠리온 갭 키아오라 헛

8월 1일

레거시 (예비일)

8월 2일

프라이시넷 페닌슐라 서킷 트랙 → 해자드 해변 → 쿡스 해변

8월 3일

쿡스 해변 → 그라함 → 프라이시넷 → 와인 글라스 베이 해변 캠핑장

8월 7일

마리아 섬 → 트리어번나 → 호바트

8월 8일

레거시 → 모나 박물관 (예비일)

8월 9일

호바트

우리는 '아웃백(outback)' 이다

진정한 오지를 탐사하는

태즈메이니아 팀

밖으로 나가서 행군하자!

(아웃백은 '오지' 라는 호주식 영어 표현)

김선화(정과 카리스마의 조화 우리의 빛) _ 대장

Volere e potete 원한다면 할 수 있어

서울산악조난구조대/경상여자고등학교 산악부오비
청소년위원회 부위원장/ 강북중학교 교사
2002, 2003 대통령기 등산대회 여고부1위
2003 한국청소년오지탐사대 K2북면 대원
2003, 2005, 2006 전국체전 산악 여고부1위, 여대부1위
2008, 2017 일본 북알프스&남알프스 등반
2015 한국청소년오지탐사대 몽골알타이팀 지도위원
2015 대구청소년오지환경탐사대 ABC 부대장
2018 평창올림픽 알파인스키 NTO

하태웅(하!하!하! 웃음이 호탕한 산사나이 우리의 소금) _ 지도위원

"흰 산을 꿈꾸며~~"

인제대학교 산악회/부산학생산악연맹 부회장
1993 한국산악회 포베다 칸텐그리 훈련대원
1994 부산학생산악연맹 백두산 동계
합동등반/장백폭포 등반
1996 일본 북알프스 다테야마 쓰루기다테 종주 등반
1999 유럽알프스 아이거 뮌히 단독 등반
2010 네팔 랑탕히말라야 트레킹
2021 부산학생산악연맹 등산학교 학감

이종상(우리들의 영원한 등대) _ 부대장

'가장 안전한 길이 가장 위험한 길이다'

동아대학교 글로벌비즈니스학과 16학번
2016 자전거 국토종주
2017 부산 비치 울트라 마라톤 100km완주
2017 대한적십자사 인명구조요원
2020 MASTER DIVER
2020 RESCUE DIVER
2021 국군 중사 전역

문기빈(통역기와 길찾기 지도, 구글 그 자체) _ 운행

'혼자 가면 빨리 가고, 함께 가면 멀리 간다'

영남대학교 전기공학과 18학번
2018 한라산 동계 설상훈련
2018 영남대학교 탐험대 입부
2018 울릉도 거북바위 하계 수중훈련
2019 스페인 산티아고 순례길(프랑스길) 완주
2020 대한적십자사 인명구조요원
2021 국립등산학교 빙벽등반 동계반 수료

윤태종(물어보면 뭐든 대답해주는 척척박사 알파고) _ 장비&수송

'인생의 즐거움을 느끼고 싶으면 도전하라'

신라대학교 체육학부 18학번
2015 아시안컵 산악스키대회 2위
2015 전국체육대회 산악-일반등산 1위
2016 전국 아이스클라이밍대회 3위
2017 오리엔티어링 아시아 청소년선수권대회 국가대표
2020 산악전문지도사
2022 2급 응급구조사

김준희(팀원의 밥심을 책임져준 메인쉐프 미슐랭) _ 식량

'切唯心造 모든 것은 마음먹기에 달려있다'

계명대학교 식품가공학과 19학번
2019 계명대학교 산악부 입부
2019 동 · 하계 설악산 장기 훈련등반
2020 일본 북알프스 야쯔가다케 원정
2020 계명대학교 산악부 부장
2021 동 · 하계 설악산 장기 훈련등반
2022 대통령기 등산대회 여자대학부 2위

김서현(무표정 속에 정이 넘치는 회계사 가오나시) _ 행정&회계

천천히 걷지만 뒤로 걷지는 않는다

전남대학교 심리학과 19학번
2021 전남대학교 산악회 입부
2021 광주전남 등산학교 동계반 수료
2022 전남대학교 산악회 회장
2022 상주 송학폭포 빙벽등반
2022 광주전남학생산악연맹 주최 설상훈련참가

고준호(제로투 장인이자 든든한 아웃백 전속 팀닥터) _ 의료

도전이 곧 경험과 추억으로 남는다.

양산고등학교 3학년 재학
2017 클라이밍 시작(경력 7년)
2018 중국 칭따오 얼룽산 릿지등반
2019 제주 알파인 탐사
2019 중국 쿤밍 하바설산 베이스캠프
2019 진주 시장배 암벽등반 대회 중등부 1등

이우주(우리 막둥이 귀염둥이 방귀쟁이 포토그래퍼) _ 촬영

'한 번뿐인 인생 후회 없이 살자'

삼계고등학교 부사관과 2학년 재학
2018 레슬링 선수
2019 태권도 4품
2021 OPEN WATER DIVER
2021 특공무술 1단

김우창(전폭적인 지원을 해준 멋진형 라푼젤) _ 현지대원

'여유를 가질 수 있게 행동하라'

현 Mistyisland studio 작가
국민대학교 산악부 07
2011~2013 대학산악연맹 아카데미 강사
2012 한국청소년오지탐사대 청해팀 부대장
2013 네팔 에베레스트 트레킹
2014 스웨덴 쿵스레덴 트레킹

정병선(유쾌한 농담과 힘있는 진담으로 팀의 활력을 준) _ 동행취재

조선일보 스포츠부 기자

따라와 ~ 오버랜드 트랙으로

걱정반 기대 반으로 도착한 트랙의 시작점

거센 바람과 눈발이 우리를 맞이하였고

우리는 굴하지 않고 첫 번째 산, 반 블러프를 등정하였다.

트랙의 곳곳에 위치한 오두막에서 잠을 청하고 밥을 먹으며

눈 덮인 산길로 한걸음 한걸음 내딛었다.

태즈메이니아의 지붕

오사산에 올랐다.

해변과 산을 넘나들며 눈이 너무 즐거웠던 프레이시넷 순환트랙

갑자기 쏟아지는 비 속에 뜬 무지개 응원

자전거 탐사를 나선 마리아 아일랜드

다같이 바다를 바라보며 넓은 평원을 내달렸다.

모든 순간들이 영화 같았던 마리아섬 탐사

D-Day

두근거리는 첫 출국!

인천공항 ~ 쿠알라룸푸르 ~ 맬버른

이종상

짐 패킹이 늦어져 출발 당일 새벽 2시가 되어서야 잠을 잘 수 있었다. 제천의 2차 테스트 3조에서 같이 훈련받았던 유수와 다온이가 어제저녁 숙소로 와서 우리 팀을 응원해줬다. 서울산악구조대에서 차량을 지원해주고, 서울산악구조대 소속 2015년도 몽골팀 여정훈 OB 대원님이 운전을 해주셔서 카고백과 배낭을 모두 차에 싣고 우리는 몸만 이끌고 인천공항행 지하철을 탈 수 있었다. OB 선배님과 유수, 다온이의 응원을 뒤로하고 수속 절차를 거친 후 항공기에 탑승했다. 처음 해외로 가는 기분이 어떤지 물어

볼 때마다 내 대답은 한결같았다. 입대를 하는 것 같다고. 미지의 세계를 넘어서 내가 원하는 곳으로 갈 때의 두근거림이 느껴졌다.

외국행 항공기는 처음 타보는데, 국내선과 차이가 크게 났다. 첫 번째는 기내식 제공이었다. 스물다섯 살이 넘도록 국내선만 타봐서 단 한 번도 기내식을 먹어본 적이 없었다. 처음 먹은 기내식은 치킨샌드위치였다. 선택지가 두 개 있었던 것으로 기억하는데, 외국인 승무원이 영어로 물어본 까닭에 들리는 단어가 '치킨' 밖에 없었고, 나는 들은 것을 말할 뿐이었다.

두 번째는 창밖으로 보이는 풍경이었다. 우리 팀원들이 해외로 가는 비행기를 처음 타보는 나를 배려해주어서 창가 자리에 앉을 수 있었는데, 똑같은 하늘색 하늘이지만 아래로 보이는 형형색색의 풍경은 국내에서 볼 수 있었던 것과는 너무나 달랐다. 특히 쿠알라룸푸르행 항공기가 도시 위를 비행할 때는 둥글게 수 놓인 주황색 불빛들이 라스베이거스의 상공과 같아 보였고, 말레이시아 열대우림을 낮게 비행할 때는 마치 아마존 위를 날고 있는 듯하였다.

세 번째는 외국인들의 매너였다. 대장님께서 비행기 탑승 수속 전에 '여기서는 살짝만 건드려도 미안하다고 해야 한다'고 했었다. 항공기에 75L 배낭을 메고 복도를 지나가자, 여러 사람과 부딪히게 되었는데, 오히려 부딪힘을 당한 쪽에서 미안하다고 사과하는 경우가 많았다.

쿠알라룸푸르에 도착해서 다음 항공 시간까지 공항에서 보냈다. 우리는 면세점을 둘러보다가 간식을 사러 갔다. 대부분의 공항 내 음식점들이 문을 닫거나 메뉴가 매진된 상태였고, 하나 남은 샌드위치 가게에서 포장 주문을 하였다. 머릿속으로 계속 생각했다. 어떻게 주문해야 하는지와 점원이 어떤 질문을 할지를 되뇌었다. 그때 옆에서 기빈이가 유창한 영어 실력으로 주문하였다. 어렸을 적에 영어학원을 다녔는데 즐거운 마음으로 배워서 지금까지 그 효과를 톡톡히 보고 있는 것이라고 했다. 나도 초등학교 때부터 10년 넘게 영어를 공부했지만, 음식 주문 하나 똑바로 하지 못한다는 것이 너무 안타까웠다. 기빈이가 네이티브로 대화하는 모습은, 귀국 후 영어 공부를 다시 할 계기를 만들어주었다.

멜버른행 항공기에 탑승 전 배낭을 검색대에 보내고 x-ray 화면을 보고 있는데, 배낭에 급하게 넣은 아이젠이 총알 뭉치처럼 보였다. 내가 봐도 총알같이 생겼는데 공항 직원들은 오죽했으랴. 검색대 직원이 다가와 아이젠이 찍힌 x-ray 화면을 가리키며 해당 물건을 빼라고 했다. 범죄를 저지른 것처럼 심장이 두근거렸다. 똑같은 말레이시아 항공이기 때문에 다음번 짐 검사에서도 아이젠을 빼서 보여야 한다는 사실에 머리도 복잡해졌다. '급하다고 배낭에 쑤셔 넣는 게 아니었는데' 하는 후회가 밀려왔다. 나머지 짐을 풀어서 검사하는 동안 먼저 검색대를 통과한 팀원들은 멀어져 갔다. 다행히 조금 앞쪽에서 대장님께서 기다려주고 계셨기에, 팀원들이 있는 곳으로 돌아갈 수 있었다.

까다로운 수속 절차를 마치고 시드니행 항공기에 탑승하자마자 곯아떨어졌다.

Day 2 정신없는 하루

맬버른 ~ 호바트

김준희

마지막 비행기에 탑승하고 우리는 태즈메이니아 호바트 공항에 도착했다. 밖으로 나오니 범접할 수 없는 아우라를 풍기며 김우창 선배님께서 서 계셨다. 김우창 선배님은 2012년도 중국 청해팀 오지탐사대원이었다. 이번에 연락이 닿았고, 호주에 살고 있어서 국내에서 탐사 준비를 할 때 많은 도움을 받을 수 있었다. 국내 회의를 할 때 화상 영상으로만 보고 실물로는 처음이라 반가웠다. 운이 좋게도 선배님은 우리와 탐사를 함께 하기로 했다. 우리는 선배님이라는 호칭보다는 우창이형이라고 부르기로 했다. 렌터

카에 짐을 모두 싣고 나니 우리는 겨우 앉을 수 있었다.

숲속을 달리는 차 안에서 창밖 구경을 하다보니 어느덧 숙소에 도착했고, 체크인한 후 우리는 바로 장을 보러 나갔다. 이젠 내 역할이 중요하다는 생각에 긴장되었다. 식단에 맞추어 필요한 식재료들을 세부적으로 총 필요 수량과 중량을 다 정리하여 계획해두었지만, 불안한 마음은 감출 수가 없었다. 울월스에 도착. 대원 한명 한명에게 가지고 올 식재료와 어떤 제품을 원하는지 얘기해주었다. 물건을 가져오면 내가 확인하고 카트에 담았다. 그러나 상품이 워낙 다양해서 대원들이 들고 오는 상품과 내가 생각했던 게 달라 다시 돌려보내고 확인한다고 시간이 지체되었다. 2시간이 지났고, 카트는 한가득 찼다. 처음 장 보는 것이니, 대용량으로 사서 트렉별로 소분해서 가져가는 것도 있고, 6박 7일 11명의 식사 준비하는 것이니 양이 많은 건 어찌 보면 당연하다고 생각하지만, '저걸 어떻게 다 들고 가'라고 하는 대원들의 말에 눈치가 보였다. 식량은 곧 무게이기에 식재료 하나하나 고민이 되었다. 국내 훈련 때 '탐사 갔다 오면 살 빠져서 올 거다. 먹는 행복이 있어야 한다. 대원들이 잘 먹으니 탐사 때는 잘 먹는 게 좋겠다.' 등 이런 말을 많이 들었다. 그리고 훈련 중에 내가 짠 식사량이 부족할 때면 대원들이 배고프다고 하는 말 한마디가 그렇게 신경이 쓰였다. 대원들이 힘든 운행 뒤 맛있는 식사를 했으면 해서 다양하게, 그렇지만 가벼운 식재료로 식단을 짰지만, 결론적으로 양이 많아 의기소침해졌다.

이제 밥 먹을 시간이라 대장님께서는 식당에 음식을 포장하러 가자고 하셨다. 아직 한인마트에서 살 것이 더 있었던 나는 마음이 조마조마했다. 설상가상 한인마트가 문을 닫았다고 한다. 다행이 우창이 형이 다골라마트에 전화를 해보니 문을 열었다고 해서 대장님께 허락받고 마트로 향했다. 이 상황이 너무 정신이 없어서 갑자기 눈물이 났다. 안 울려고 했는데, 이 상황이 너무 창피했다. 우창이 형이 아무 말도 안 해 주어 감사했다.

마트에 도착해서 필요한 물품을 사고 다시 울월스로 갔다. 다 그쳤다고 생각이 들었지만 울었던 티가 날 거라는 생각에 비니를 꾹 눌러썼다. 울월스에서 물건을 마저 사고 햄버거 식당으로 가는 길에 또 눈물이 났다. 미쳐 대원들이 있는 햄버거 식당에는 못 들어갈 것 같아 밖에 있다가 다 같이 차에 탔다.

숙소로 돌아와 햄버거를 먹고 배낭 패킹을 시작하였다. 짐 분배를 해야 해서 방으로 가서 짐 정리를 했다. 식량을 소분하고 분배해야 했기에 소분할 항목을 만들어 몇 개를 챙기는지 정리했다. 대원들이 다 같이 소분하고 스파우트 파우치에 옮겨 담고 재료를 손질했다. 정말 정신이 없었다. 시간이 오래 걸려서 대장님도 주무시지 않고 도와주셨다. 누가 어떤 재료를 챙길지 분배를 다 하고 배낭을 꾸렸다. 출발까지 1시간 정도 남았길래 그냥 자지 않았다.

Day 3 천혜의 자연 오버랜드 트랙속으로

크레이들 마운틴 방문자센터 ~ 로니 크릭 ~ 워터폴 밸리 헛/12km

문기빈

새벽 5시경 오버랜드 트랙 출발지인 크레이들 마운틴 방문자센터로 출발하였다. 가는 도중에 사슴들이 도로를 지나갔는데 우창이 형이 다 섭외해놓은 친구들이라고 해서 너무 웃겼다. 도착하니 날씨가 동계 훈련을 생각나게 할 만큼 차갑고 바람이 불어왔다. 방문자센터에서 방수 처리된 지도를 구매하고 크레이들 마운틴 날씨 정보를 얻은 다음 셔틀버스를 타고 출발지인 론니 크릭으로 향하였다. 셔틀버스 기자님은 크레이들 마운틴에 대해서 설명하면서 오버랜드 트랙을 완주할 예정인 우리가 용감한 심장을

가진 'Brave Hearts'라고 말씀하시면서 응원해주셔서 감사했다.

오버랜드 트랙 입구 표지판에서 사진을 촬영한 후 첫 발걸음을 디뎠다. 그렇게 5분도 채 지나지 않았을 때 모든 대원이 바닥에서 신기한 물체를 발견하였다. 바로 직육면체 모양의 배변이었다. 이것은 웜뱃이라는 아주 귀엽고 무해하게 생겼고 풀만 먹고 자라는 동물의 배설물이었고 트랙 여기저기에서 발견할 수 있었다. 그곳의 명칭은 웜뱃 풀(Wombat Pool)인데 누군가가 이정표에 적힌 글자에서 제일 마지막 글자를 지워 웜뱃 똥(Wombat Poo)이라고 적어놓아서 웃음을 자아냈다.

데크 길이 잘 깔려있어 걷기에 정말 편했다. 어느 정도 걷다 보니 눈이 덮여있는 구간이 나왔고 태종이와 히말라야 고산 컨셉으로 영상을 촬영하고 장난을 쳤다.

키친 헛에서 미숫가루와 행동식을 먹었는데 정말 헛이 열약해서 오늘 자게 될 헛에 대해서 조금의 걱정도 생겼었다. 팀원들이 반반 나누어 반은 2층에서 식사를 하고 절반은 1층에서 식사를 하였다. 키친 헛을 나와 운행을 하던 중에 해가 졌고 야간 우중 산행을 했다. 바위들이 미끄러웠지만 모든 대원이 집중해서 저녁 6시경 워터풀밸리 헛에 도착하였다. 헛은 입이 쩍 벌어질 정도로 시설이 좋았고 가스난로 또한 존재하여 장비를 말리기에 좋았다. 화장실 또한 깔끔하였고 벽에는 LNT(Leave No Trace) 포스터가 크게 붙었는데 김영식 추진위원장님의 열띤 강의 내용들이 그대로 적혀있었다.

저녁 식사로 식량 대원 준희가 첫날 고생 많았을 우리를 위해 계획한 양념닭구이, 미역초무침(준호가 야무지게 잘 만든다), 우거짓국, 닭고기덮밥으로 배를 가득 채웠다. 식사 후 차와 함께 반성회, 첫날 각자가 겪었던 오버랜드 트랙에 대해서 도란도란 이야기하는 시간이 좋았다. 반성회가 끝난 후 요가 여제인 대장님의 코치에 따라 요가 클래스를 진행하였다. 내일은 반 블러프 마운틴을 오르는 날이다. 호주에서 올라가는 첫 산이고 눈과 돌로 이루어진 산은 어떤 모습을 우리에게 보여줄지 정말 기대되었다. 첫날 산행은 처음 들어보는 배낭의 무게였지만 데크 길이 정말 잘 되어있어서 다행이라는 생각을 하였다. 앞으로도 평지에 데크 길이 잘 되어있으면 하는 바람이 있다.

Day 4 힘들었지만 미소가 떠나지 않는 사람들

반블러프 마운틴(1,559m) ~ 워터폴 벨리 헛/8.7km

이우주

오버랜드 트랙 2일 차 반블러프 마운틴을 등반하는 날이다. 마음이 설레면서 '오늘은 얼마나 힘들까' 걱정이 된다. 그래도 오늘은 어택 배낭을 메고 산행하는 날이어서 다행이었다. 선두에 태종이 형과 지도위원님께서 서셨고 초반에 엄청나게 뽑았다. 내 배낭에는 로프가 들어있어서 살짝 쳐졌고 앞쪽으로 가서 걸었다. 태종이 형이 캥거루처럼 생긴 동물을 봤다고 했는데 왈라비였다. 넓은 곳에서 휴식하던 중에 앞쪽에는 반블러프 마운틴이 있고, 뒤쪽에서는 해가 뜨고 있었는데 정말 예뻤고 미소가 나왔다. 나는 촬

영하기 위해 앞에 먼저 가고 있었는데 눈 앞에 반블러프 마운틴이 점점 커지면서 정말 멋지고 웅장했다. 우리 팀이 오는 것을 촬영한 뒤 다시 걸었다.

우리 팀 앞은 너덜지대가 가로막고 있었고 다른 길을 찾으려고 하였지만, 너덜지대에 화살표가 있어서 너덜지대를 통과하기 시작했다. 가파른 바위를 올라서서 눈 덮인 길을 걸어 정상에 도착하였다. 정상에서 개인 소속기를 들고 사진을 찍은 다음, 우리팀 전체가 대산련과 콜핑 깃발을 들고 사진을 찍었다. 내 손가락 끝은 감각이 점점 시려졌고 손가락을 폈다 오므렸다 하는데 잘되지 않아서 걱정됐다. 하산할 때는 눈 덮인 길을 엉덩이로 눈썰매를 타며 내려가기도 하고, 눈이 쌓여 있어서 돌 틈이 평지인 줄 알고 발을 헛딛어 푹 빠지기도 했다. 태종이 형은 몸통까지 빠졌고 나는 형, 누나들, 기자님과 같이 들어가서 사진을 찍었다. 대장님은 크레바스에 빠진 척하기도 하셨다. 정말 재밌었고 기억에 남을 추억이었다.

하산은 등산보다 더 위험했고 아찔했다. 한 걸음 한 걸음 조심히 하산한 끝에 우리의 베이스인 워터풀밸리 헛에 도착해서 나는 짐을 풀고 젖은 장비를 화로에 말리기 시작했다. 점심으로 전투식량을 먹고 레인저 헛으로 갔다. 우창이 형과 기빈이 형이 영어로 대화하는 것을 보고 영어를 해야 하는 이유를 깨닫기도 했다.

그 후 우리는 팀을 나누어서 워터풀밸리 헛에서 잘 사람은 자고 폭포 보러 갈 사람은 갔다. 폭포를 구경하다가 왈라비도 보고 웜뱃도 보고 너무 좋은 경험을 할 수 있어서 좋았고 레인저 팀과 사진도 찍었다. 헛에서 반블러프 마운틴을 보는데 안개와 구름이 사라지니깐 엄청 멋있는 반블러프 마운틴이 보여 사진을 찍었다. 배고파서 잠을 자지 않고 깨어있는 사람들끼리 빵을 구워 잼과 누텔라를 발라 먹었는데 너무 맛있었다. 저녁 식사를 맛있게 하고 티타임과 반성회를 한 뒤에 스트레칭 후 잠을 잤다.

Mt Barn bluff, 1,559m

Day 5 이 추운데 물에 들어간다고?!

윈드메어 호수 ~ 윈드메어 헛 ~ 뉴 펠리온 헛/23km

윤태종

가장 긴 거리를 걸어야 하는 탐사일이다. 새벽 4시 30분에 일어나 오트밀로 아침 식사를 했다. 물에 불려서 먹는 음식이었는데 식감과 맛이 나와는 맞지 않았다. 입에 맞지 않는 음식을 꾸역꾸역 먹다 보니 마지막 한입에서는 정말로 토할 것 같은 음식이었다. 대장님과 지도위원님, 우창이형, 기자님은 모두 드시지 않았는데, 준희와 기빈이, 종상이형은 맛있다면서 잘 먹었다. 그것을 보며 웬만한 음식을 가리지 않는 나도 오트밀은 못 먹겠는데 이 대원들은 정말 음식을 가리지 않고 잘 먹는다고 생각했다.

오늘은 우창이 형과 잠시 3일 정도 떨어지는 날이었는데, 그 이유는 크레이들 마운틴 방문자센터에 있는 렌터카를 우리의 종료 지점인 호수가 있

는 방문자센터로 옮겨야 하기 때문이다. 우창이 형과 잠시 헤어지게 되어 아쉬웠고, 오버랜드 탐사의 일정 부분을 포기하고 우리 팀을 지원해주셔서 고마웠다.

긴 거리라 걱정했지만 우리는 매우 빠른 속도로 탐사를 진행했다. 길이 무척이나 좋았던 점 때문이었는데, 거의 평지의 길에 잘 나 있는 나무 데크는 우리의 탐사 속도를 끌어올리기에 충분했다. 잠시 쉬면서 해가 뜨는 모습을 보았는데, 쉬는 지점에 평원이 무척 아름다워 다들 사진을 찍으며 시간을 보냈다. 특히 대장님은 엄청나게 좋아하면서 '그래 이거지 이거!, 내가 이런 걸 보고 싶었다고!'라고 말하는 모습이 인상적이었다. 마치 아프리카 초원에 온 듯한 느낌, 정말 새로운 곳을 탐사하고 오지를 가는 것 같아 설레던 나의 마음을 대변해 주는듯했다.

나는 이곳에서 쉬면서 대장님의 핸드폰으로 우리 해단식 때 사용할 영상을 찍었는데, 시네마틱 모드로 대장님을 따라가다가 풍경을 보여주는 형식이었다. 시네마틱 모드가 생각보다 영상미가 좋고 이쁘게 나와서 만족스러웠다. 특히 종상이 형이 만족해했다. 길을 가다 홀메스 호수를 지나쳤는데 이 호수의 안내판은 십자가로 나와 있어 누군가의 무덤과 같은 느낌을 주었다. 안개가 잠시 걷힐 때 주변을 보니 오른쪽에는 거대한 호수가, 왼쪽에는 커다란 평원이, 뒤에는 반블러프 마운틴이 웅장하게 서 있었고, 우리에게만 허락되어있는 풍경을 보는 것 같았다.

오버랜드 트랙 탐사 도중 사람을 한 명도 보지 못했었는데 이곳에서 처음으로 트레킹하는 사람을 만났다. 배낭을 가볍게 하고 걷다가 달리기를 반복하면서 오버랜드 트랙을 거꾸로 올라가는 현지인이었는데 짐이 엄청 가벼워 보였다. 이런 저런 얘기를 나누다 우리 앞쪽에 10명 정도 현지 탐사대 분들도 있다는 정보를 들었다. 이런저런 내용들을 알려줘서 고맙다는 인사와 함께 사진을 촬영한 후 프로폴리스를 나눠주고 헤어졌다.

아침 9시 30분쯤 윈드메어 헛에 도착했는데 익숙한 전동드릴 소리가 나서 봐보니 새로운 헛을 짓고 있었다. 헛에 오는 길에 호수 윈드메어가 보였는데, 윈드메어 헛 안에 있는 게시판에 'ENJOY SWIMMING!'이라는 글귀가 적혀있어 종상, 기빈, 우주가 물에 들어가기로 했다. 신나게 달려 나가는 삼인방을 보면서 나는 이 추운데 왜 들어가지 생각을 했지만 막상 들어가려고 준비하는 모습을 보니 엄청 재밌어 보였다. 정신을 차려보니 나도 모르게 옷을 벗고 호수 속으로 들어가고 있었다. 나의 팬티 색깔은 줄무늬에 파란색이었는데 영상으로 보니 나의 팬티가 무척이나 눈에 뜨여 민망하기도 했지만, 이것 또한 즐거운 추억이라 생각했다. 물 안은 무척이나 춥고 바닥은 엄청 미끄러웠다. 한겨울에 이러한 물에 들어간 것은 처음이었고, 얼음장 같아서 벌벌 떨며 나와서 주섬주섬 옷을 입고 윈드메어 헛으로 가서 옷을 갈아입고 난로 앞에서 휴식을 취했다. 난로는 잠을 잘 수 있는 비교적

최신의 힛이라면 어디에나 있는데 영상 10도 이하면 틀 수 있었다.

옷을 갈이 입었는데도 계속 추웠다. 간식을 먹으며 산행을 진행하니 다시 몸이 데워지면서 따뜻해졌다. 조금 지나가니 어느새 널찍한 평원의 끝에 다다랐고, 이제부터는 숲이 펼쳐졌다. 신기한 점은 숲에 나무마다 이끼가 무척 많다는 것이었고 원시시대 숲이 어떤 느낌인지 체험이 되었다. 나무가 곳곳에 쓰러져있었지만, 아무도 건드리는 사람이 없으니 그 상태로 자연에 동화되는 것이 보여 신기했다. 거대한 나무들도 보았는데 큰 나무가 길을 막은 경우에는 나무를 치우는 것이 아닌 나무의 중간을 잘라내던

지. 아니면 계단모양으로 길을 내어 자연과 길이 동화되게했다.

사람만 한 고사리도 보면서 어느새 산행 시간은 10시간을 훌쩍 넘겼고, 밤이 찾아오고 어둠이 찾아왔다. 슬슬 체력적인 한계를 느끼면서 승모근과 허리가 아파졌고, 나와 대장님, 종상이형은 노래를 부르며 이 힘든 산행을 이겨냈다.

뉴 펠리온 헛에 도착하니, 먼저 도착한 외국인 그룹이 우리를 맞이하였다. 우리는 어두운 헛에서 늦은 저녁 식사를 준비했다. 배낭이 무거웠던 만큼 역시나 밥은 맛있었다. 우리는 운행에 대해 회의했다. 오사산을 올라가자는 의견과 오르지 말자는 의견이 있었는데, 외국인 그룹 중에 크리스가 책을 주면서 오사산을 오르는 것을 추천하지 않는다고 말했다. 산행 반성회를 진행한 뒤 대원들끼리 회의를 하면서 오사산을 올라갈지 말지에 대한 얘기를 했는데 가고 싶어 하는 대원들이 많아서 산에 올라가기 어렵더라도 시도는 해보자고 결정이 나고, 다음날 일찍 일어나는 쪽으로 마음을 먹었다.

Day 6 태즈메이니아의 지붕을 향하다

펠리온 갭 ~ 오사산(1,617m) ~ 펠리온 갭 ~ 키아오라 헛 / 13km

김서현

얼마 자지 못하고 피곤해서 일으켜지지 않는 몸을 일으켜 아침 식사를 했다. 베이글을 버터에 구워 햄과 치즈를 끼워 먹으니 고소하고 맛있었다. 다만, 버터는 뒤처리에 시간이 걸리니 다음 탐사대에는 비추천해야겠다고 생각했다. 뜨거운 물과 세제가 있었다면 걱정이 없었겠지만, 우리는 LNT를 지켜야 했다. 버터는 찬물로 종일 씻어내 봤자 코펠과 프라이팬, 그리고 우리의 손에 코팅만 될 뿐이었다.

아침 날씨는 걱정이 무색하리만큼 괜찮았다. 그래서 오사산을 향해 출발했다. 산 중턱까지는 무거운 배낭을 메고 올라간 뒤 75L 배낭을 두고 작

은 배낭으로 정상에 올라가는 계획이다. 무거운 배낭을 메고 고도를 올리는 게 쉽지는 않았지만, 탁 트인 중턱에서 오사산을 바라보니 기대감이 증폭되었다. 눈도 제법 쌓여 동계 산행 분위기가 물씬 풍겼다. 나는 드디어 2008년도 오탐처럼 눈에 빙수를 만들어 먹을 수 있겠다는 생각에 들떴다. 배낭을 둘 자리에 도착해 아이젠을 신으며 빙수를 만들어 먹었다. 그 자리에서 시에라에 눈을 퍼 담아 만드는 빙수라니, 도시에서는 상상할 수 없는 일이다. 인절미, 초코, 빙수떡, 잼 등의 재료가 있어 다양하게 만들었는데, 자두 잼에 빙수 떡을 얹은 게 특히 맛있었다. 한시가 바쁜 상황에서 빙수를 먹고 있다 보니 대장님께 혼났지만, 정병선 기자님이 맛있게 드셔 주셨다. 잘 먹었다며 서울에서 신라호텔의 망고 빙수를 약속하셨다.

작은 배낭을 들고 아이젠을 차고 출발하니 꽤 길게 철제 데크 길이 놓여 있었다. 편안하기는 했지만, 아이젠으로 걷기에는 부적합했다. 격자로 뚫

린 구멍에 아이젠이 자꾸 끼어 벗겨졌기 때문이다. 그래서 잠시 아이젠을 벗었다가 데크 길이 끝나고 다시 착용했다. 오사산에는 눈이 정말 많이 쌓여있었다. 신설이라 설상용 아이젠을 신고도 푹푹 빠져들었다. 우리나라에서 보기 힘든 양의 눈이라, 올해 3월 광주·전남학생산악연맹 주최로 무주 스키장에서 했던 설상 훈련 생각도 나고 즐거웠다.

올라가는 길은 가팔랐지만, 배낭이 가볍고 스틱이 있어서 할만했다. 정상부 밑까지는 길도 뚜렷하게 보이는 편이었다. 어느 정도 올라가서 주변의 하얀 산들을 보니 흰 눈 사이로 까만 바위 조각들이 보여 마치 맥도날드의 '오레오 맥플러리' 내지는 설빙 '오레오 초콜릿 빙수'처럼 보였다. 우리의 의지에도 불구하고 오사산 정상을 밟지는 못했다. 안전상의 이유라 모두가 납득했다. 시도했다는 것, 우리가 안전하게 돌아왔다는 것이 중요하지, 정상에 가는 것은 그다음이다. 다만, 다음 탐사대는 설상 장비를 든든하

게 챙겨와 시도하면 더 후회 없을 것 같다.

정상은 못 갔지만, 대신 우리는 여유 있게 사진도 찍고 눈도 먹으며 놀다 내려왔다. 우리끼리의 추억을 많이 만든 것 같아 좋았다. 정상에 다녀왔다면 시간도 체력도 빠듯해 그렇게 즐기지 못했을 것 같다. 하산해서는 키아오라 헛에 도착했다. 그리고 4시경 늦은 중식을 먹었다. 여기서 내일 운행을 줄이기 위해 다시 출발해 더 갈지 결정해야 했다. 내일 운행은 계획에 따르면 약 25km 이상이다. 그런데 옆에 있던 호주인들이 알려준 정보에 의하면, 우리가 내일 운행할 코스가 그렇게 길지는 않다는 것이다. 혼란스럽기는 했으나, 최선을 다해 오사산를 시도하고 내려온 우리에게 주어진 선물 같아서 그리 싫지 않았다.

이곳에서 하룻밤 머무르기로 하고 저녁 식사를 준비하기 시작했다. 4시에 점심을 먹고 또 밥을 준비해서 먹은 셈이다. 옆에 있던 외국인들이 의아해했을 것 같다. 산행 반성회를 하고 목표했던 9시보다는 늦어도 역대 가장 빠른 듯한 10시에 취침했다. 번외로, 내가 관찰한 바에 따르면 외국인들은 우리나라 사람들과 패턴이 좀 다르다. 일단 우리만큼 열정적으로 뭔가를 먹는 모습을 못 봤다. K-어르신이 봤다면 '깨작거린다'고 못마땅해할 만한 모습으로 식사를 한다.

그리고 그들은 카드 게임 같은 놀이를 즐기다가 약속이라도 한 것처럼 저녁 9시가 되면 취침한다. 우리나라에서는 초등학생만 되어도 10시를 넘기는 게 보통인데 말이다. 특히나 우리는 2~3시간 자고 운행하는 것도 보통이 된 상태다. 우리와 헛을 공유하던 호주인 산악회는 우리보다 일정을 길게 잡아 좋은 헛이 나올 때마다 자고 간다고 한다. 다음에 오버랜드를 하는 사람들이 있다면 꼭 8~9일 이상으로 일정을 잡으라고 말해주고 싶다. 그러면 더 안전하게 경치와 여유를 즐기며 더 다양한 곳으로 가볼 수 있을 것이다.

Day 7 모든 것은 마음가짐이 중요하다

듀 케인 헛 ~ 윈드 릿지 헛 ~ 파인밸리 헛 / 13km

김준희

무거운 몸을 이끌고 일어나 수프와 빵으로 간단히 식사하고 출발했다. 어제부터 쌓인 눈에 온 세상이 하얗게 변했다. 누가 시작했는지 눈싸움을 하였다. 준호에게 눈을 던지고, 준호는 2배나 더 큰 눈덩이를 나에게 던졌다. 서현이는 눈을 먹고, 종상 오빠가 친 나뭇가지에서 우수수 떨어지는 눈에 얼굴이 덮이기도 했다. 대장님과 지도위원님도 눈밭에 넘어져 묻히고 원 없이 눈을 즐겼다.

동화 속에 나오는 오두막처럼 생긴 듀 케인 헛에 도착해서 각자 아껴온

간식을 하나씩 꺼냈다. 그중 가장 인기 있는 것이 오레오였다. 전지분유에 물을 넣어 우유를 만든 후 시리얼을 부어 먹었는데 너무 맛있었다.

멋있는 곳마다 기자님이 사진을 찍어주셨고 나도 배낭과 스틱을 바닥에 내려놓고 사진을 찍었다. 태종 오빠가 지나가다가 내 스틱을 밟아서 '뚝'소리와 함께 스틱이 부러졌다. 태종 오빠는 미안해했지만, 스틱을 길목에 둔 내 잘못이 컸기에 괜찮다고 했다. 종상 오빠가 자신의 스틱을 주면서 쓰라고 했다. 처음에는 거절했지만, 오빠가 스틱을 빌려준 덕분에 큰 물웅덩이도 잘 지나갈 수 있었다. 나중에 보니 종상 오빠는 발을 물에 담근 채 '가오가 산다'며 물웅덩이를 건넜다. 고맙긴 고마운데, 이 오빠는 대단하다 싶었다.

윈드 릿지 헛에 도착했다. 우리는 이곳에서 1시간 정도 휴식을 했다. 50분 안에 조리와 식사를 마쳐야 한다는 생각에 마음이 조급했다. 오늘 아침 수프와 빵을 먹었었는데 배가 빨리 꺼져 대원들이 산행 도중 계속 배고픔을 호소했다. 어제 비빔밥 2개를 먹어서 비빔밥이 8개밖에 없는데 부족하겠다는 생각에 산행 내내 중식을 어떻게 할 것이지만 생각하고 있었다. 그래서 비상식으로 챙겨온 소면 500g으로 짜장면도 같이 만들 생각이었다. 20분 안에 조리를 끝내야 해서 다급했다. 대원들에게 수통과 스토브, 코펠 3개를 가지고 가야 한다고 얘기하고 서둘러 식당으로 갔다. 식사 준비할 때 가장 큰 문제점은 스토브 화력이 약한 것이다. 점화도 잘 안되고, 화력이 너무 약해서 물을 끓이는 데 시간이 많이 소요된다. 물이 빨리 안 끓어 초조했다. 물이 끓는 동안 주변 정리를 하고, 다음 과정을 바로바로 할 수 있게 준비했다. 다른 대원들은 헛 구경, 장식품 구경 얘기 등을 하는데 나만 여유가 없었다. 물에 기포가 올라오는 것이 보이자 면을 넣고, 대원들 도움으로 비빔밥에 물을 넣었다. 짜장면은 다 되었는데 비빔밥이 되기까지 더 기다릴 수 없어, 그냥 코펠에 다 때려 넣고 열을 가해 완성했다. 13인분 정도 분량인데 10명의 대원이 거의 10분 만에 깔끔하게 해치웠다. 기빈 오빠가 코펠에 남은 부분도 싹싹 긁어먹는 모습을 보고 배가 아주 고팠구나 싶었다. 항상 남은 음식을 끝까지 맛있게 먹어주는 기빈 오빠가 고마웠다.

끝까지 남아 식당을 정리하고 배낭에 코펠을 넣고 나니 약속했던 출발시각이 되었다. 아직 화장실을 못 가서 가고싶은데 눈치가 보였다. 대장님께 화장실 갈 시간이 없어 못 갔는데 다녀와도 되겠는지 허락받고 화장실을 가는데 순간 울컥했다.

운행하는데 조금 전 감정이 떠올랐다. 매번 식사를 준비할 때마다 혼자서 전쟁을 치르는 느낌이다. 11명의 식사를 혼자 계획하고 준비하는 것이 버겁다. 식사 준비를 마치고 나면, 뿌듯함보다는 하나 해치웠다는 생각에 안도감이 든다. 계획된 식단이 있지만, 대원들의 컨디션이나 운행 상황에 따른 변수가 있으니 수정해야 하고, 생각해야 된다. 그래서 운행할 때 거의 70%는 식량 생각을 하며 걷는다. 대원들이 그냥 하는 얘기일 테지만, '배고프다', '이건 별로다.', '이건 이렇게 하는 것이 어떻겠냐…….' 뭐 이런 얘기에 눈치가 보이고, 신경이 쓰이고, 힘이 빠진다. 아직 나는 식량 역할을 맡은 것에 대해 즐기지 못하고 있는 것 같다. 이렇게 나쁜 생각이 나쁜 생각을 낳았다. 그러던 도중 국내 훈련 때 누군가에게 들었던 말 한마디가 생각났다. '불행은 불만에서 시작된다.'그리고 사소한 일들에 기분 나빠하고 점점 불만이 쌓이고 있는 나를 보았다. 나는 이러려고 오지탐사대를 지원한 것이 아니다. 사소한 일들로 인해서 나의 탐사를 망치고 싶지 않았다. 다시 마음을 고쳐먹고 좋은 생각을 하려고 노력했다. 생각해보니 대원들에게 고마운 적이 더 많다. 추운 날씨에 손 시릴 텐데도 매번 설거지해주는 서현이와 태종 오빠. 집에서 혼자 밥을 많이 만들어 먹어서 요리에 대해 많이 아는 준호. '물 떠와 달라. 이것 좀 옮겨 달라.'부탁하면 번거로운 일도 선뜻 해주는 우주. 마지막까지 먹어주고 뒷정리를 잘 도와주는 기빈 오빠. 항상 이것저것 가장 잘 도와주는 종상 오빠. 나는 이 탐사를 행복으로 이끌고 싶다.

모든 것은 마음가짐이 중요하다고 생각하기에 나는 이제부터라도 식량 담당인 것을 즐겨보자고 다짐했다.

날이 어두워져 어쩔 수 없이 야간 운행을 했다. 우창이 형이 파인 벨리 헛에 먼저 도착해서 따뜻하게 불을 피워놓고 우리를 기다리고 있었다. 너무 반가웠다. 토요일 저녁과 일요일 아침, 그리고 계란까지 챙겨와 주셨다. 산에서 날계란이라니 정말 큰 이벤트였다. 어떻게 들고 오셨을까? 정말 대단하다. 우리는 옷을 갈아입었다. 대장님이 몸을 닦으라고 데오 항균 티슈를 주셨는데, 이걸로 몸을 닦으면 개운함과 좋은 향이 나서 좋다. 이번 트랙에서 무게를 줄인다고 슬리퍼를 안 가져와서 양말을 두게 겹쳐서 지퍼백으로 감싸 비닐 신발을 만들었다. 고무줄 2개로 발목을 묶으니 벗겨지지 않았다.

늦은 저녁 식사를 준비했다. 떡볶이를 만들었다. 떡은 무게가 있어 라이

스페이퍼를 말아 떡으로 하고, 스트링 치즈나 햄을 같이 말아 치즈 떡과 햄 떡을 만들었다. 떡볶이는 10분 만에 다 먹어 치웠고 나는 햄 떡 하나랑 치즈 떡 하나밖에 못 먹어 아쉬웠지만, 대원들이 맛있게 먹어서 뿌듯했다. 기자님이 "아유 준희 씨 너무 잘 먹었어요. 앞으로 이 떡볶이가 계속 생각날 것 같아요"라고 하셨다. 기자님은 항상 한 끼도 빠짐없이 식사에 따른 칭찬을 해주신다. 그게 정말 힘이 되고, 뿌듯한 마음에 기분이 좋아진다. 그래서 너무 감사하다. 오늘도 어김없이 운행 반성회를 하고, 대장님 따라 스트레칭을 다 같이 한 후 마무리를 한다.

Day 7 다시 대원들에게

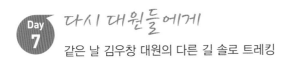

같은 날 김우창 대원의 다른 길 솔로 트레킹

김우창

이번 탐사에서 오늘이 마지막 단독 운행을 하는 날이다. 오늘 대원들과 다시 합류하게 된다. 어제 18km 정도 운행했기에 오늘은 8km 정도만 운행하면 된다. 그래서 아침 해가 뜬 이후 여유롭게 움직였다. 헛의 가스스토브가 고장이나 등산화와 의류가 충분히 마르지 않아 기분 좋게 옷을 갈아입을 수는 없었다. 체온을 이용해 조금이라도 더 마르길 바라며 아침 식사를 든든하게 먹고 출발했다.

밤사이 엄청 많은 눈이 내렸다. 세상이 변해 있었고 나는 아무도 밟지 않는 눈길을 밟으며 운행을 시작했다. 나무 데크와 현수교, 그리고 흙길, 운행하는 모든 길에 흰 눈이 쌓여 있었고 그 길을 가장 먼저 혼자서 간다는 사실이 너무 행복했다. 스스로 행운도 많이 따라 준다고 느꼈던 27일부터의 단독 운행이 마지막까지 이어지는 것 같았다. 운행이 짧다는 사실이 아쉬워 본적이 많이 없는데 이번 운행은 특별히 더욱 아쉬움이 생긴 듯하다.

사실 혼자 운행하면서 가장 많이 한 걱정은 대원들이다. 오버랜드 트랙의 3개의 산을 오를 예정이고 가장 높은 오사산을 등반하고 파인벨리 헛에서 합류하게 된다. 대원들은 등반을 위한 장비가 부족했다. 유일하게 등반을 위한 장비를 가진 지도위원이 대원들의 안전보다 본인 등반을 위해서인지 앞장서서 나아갔고 장비도 없는 대원들이 그 뒤를 따라가는 상황을 보고 헤어진지라 걱정이 많이 되었다. 물론 대장님이 계셨기에 어느 정도 안심을 할 수 있었지만 그래도 밤사이 많이 눈이 많이 내려서 전혀 걱정하지 않을 순 없었다.

약 두 시간 운행 후 10시가 조금 넘어 목적지인 파인벨리 헛에 도착할 수 있었다. 가볍게 행동식을 먹고 헛의 상태를 확인하고 헛 주변의 시설들을 확인했다. 파인벨리 헛은 석탄 스토브를 이용할 수 있는 곳이다. 헬리포트 옆 벙커에서 석탄 한 통과 주변의 마른 나무를 찾아 헛의 난방을 시작하였고 굴뚝이 데워지고 불이 잘 붙은 후 헛 내부를 청소하였다. 그리고 옷을 갈아입고 의류와 신발 등을 스토브 주변에 널어 건조시킨 후 점심을 먹었다.

오늘 대원들은 키아오라 헛 에서 파인벨리 헛 까지 총 25km의 운행이 예정되어 있어 아마 늦게 도착할 것 같다. 나는 대원들이 돌아오기 전에 내 정비를 다 끝내 놓고 대원들의 젖은 의류의 건조와 식사 준비를 바로 할 수 있게 준비해 놓았다. 시간이 남아 석탄과 나무를 좀 더 보충했고 저녁 7~8시쯤 대원들이 헛에 도착하는 소리가 들려 나가서 환영해 주었다. 그렇게 2박 3일의 단독 운행을 마치고 대원들과 함께 따듯한 저녁 식사 시간을 가질 수 있었다.

Day 8

호주에서 보내는 생일

아크로폴리스산(1,471m) ~ 파인벨리 헛 / 7km

고준호

이번에는 평소 산행할 때보다 잠을 더 자고 일어나 개운했지만 관절은 아팠다. 우리는 조식을 먹고 짐을 패킹하고, 아크로폴리스 산으로 향하였다. 아크로폴리스 산으로 가는 길은 눈이 정말 많았다. 가는 길에 기빈이 형이 아무도 밟지 않은 눈을 한 사람씩 밟으며 가볼 수 있게 해주었고 나는 그 뽀드득거리는 소리에 신이나 열심히 길을 만들었다. 기빈이형이 길을 뚫고 가다가 눈 때문에 길을 못 찾아 지도위원님과 내가 함께 길을 찾았다. 처음에는 내가 동물 발자국이 있어 발자국을 보고 길을 찾아 열심히 올라가다가 미끄러져 넘어졌다. 지도위원님이 못 보셨겠지 하고 벌떡 일어났는데 넘어지면서 부딪힌 무릎이 정말 아팠다.

가면 갈수록 길이 안 보여서 나와 지도위원님은 흩어져서 찾아보기로 했다. 내가 가던 길이 아닌 것 같아 지도위원님께 말씀드렸고, 마침 지도위원님께서 시그널을 찾으셨다고 하여 나는 그쪽으로 이동하였다. 이번에는 태종이 형이 눈길을 뚫었는데 몸이 무거운지 푹 빠지고 그랬다. 지도위원님께서 쉴 곳을 찾아서 만들라고 하셔서 좀 넓은 곳이 나와 눈을 평평하게 다졌다. 배낭 커버를 깔고 앉아 스파이크를 착용하고 행동식을 먹으며 쉬었다. 길 찾는 게 너무 재미있었다. "준호야 긴장 풀지마!" 라고 하셨고 그 뜻은 긴장이 풀리면 사고가 날 수 있기에 긴장을 풀지 말라고 하신 것 같았다.

다시 출발하였는데 미끄러지면 쭉 내려갈 것 같은 그런 경사진 길이 나와 대장님께서 보행법을 알려주셨다. 가는 도중 태종이 형이 쭉 미끄러져 내려갔고 도중에 눈이 쌓이면서 멈춰 살살 다시 올라왔다. 이어서 내가 미끄러졌는데 나도 살살 돌아선 다음 프론트 스파이크를 팍팍 찍으며 올라왔다. 그런 상황이 반복되고 장비가 없는 우리는 하산을 결정하였다. 시간이

남아 눈싸움도 하고 미끄럼도 탔다. 어떤 굴이 있어 굴 주변으로 눈 벽을 쌓아 재미있게 놀고 사진도 찍었다.

우리는 실컷 놀고 하산하면서 미끄럼틀처럼 쭉 내려왔다. 태종이 형이 더 센 경사도에서 내려와 길이 만들어졌고 다들 스릴 넘치게 재미있게 타고 내려왔다. 파인벨리 헛으로 가는데, 나는 대원들과 떨어져 혼자 가다가 표식을 잘못 보고 옆길로 갔다가 '어, 여기가 아닌데' 하고 다시 돌아와서 헛에 도착했다.

그렇게 다들 헛에 도착해서 저녁을 먹고 오늘은 준희 누나 생일 전날 이어서 누나에게 서프라이즈 생일 파티를 해주었다. 대장님과 우창이 형, 서현이 누나가 선물을 주었다. 산행 반성회를 하며 준희 누나의 생일 파티 소감을 들었다. 아쉬운 산행을 한 날이었지만, 누나의 생일파티로 훈훈하게 하루를 마무리 하였다.

Day 9 종달새의 탄생!

나르시서스 헛 ~ 세인트 클레어 호수 ~ YHA 호바트 센트럴 / 9.5km

이종상

오버랜드 트랙 마지막 날이다. 일찍이 기상하여 페리를 타는 장소인 나르시서스 헛으로 출발하였다. 나르시서스 헛에 도착하여 외국인들이 강에 들어가는 것을 보고 입수를 결정하였다. 대장님과 우창이 형은 먼저 들어갔다가 나왔고, 나와 우주, 기자님이 다음으로 입수하였다. 산행 후 휴식하며 몸의 열이 다 식은 상태여서, 머리까지 딱 한 번만 담그고 사진 촬영을 한 뒤에 물에서 나왔다. 외국인들이 헛 앞에서 커피를 마시며 보고 있었는데, 벌벌 떠는 모습을 보여주고 싶지 않아서 어깨를 펴고 당당히 헛까지 걸어

갔다.

페리로 선발대를 먼저 보내고 후발대는 나르시서스 헛에서 3시간가량 기다렸다. 배가 고파서 식량 담당인 준희가 오트밀을 해주었는데 원래는 끓이면 불어서 양이 많아져야 하지만, 양이 계속 그대로였다. '원래 그런 종류의 오트밀이겠거니' 하며 치킨스톡과 후추 버터 소금 등 여러 남은 식재료를 사용하여 어떤 게 오트밀과 더 잘 어울리는지 테스트했다. 죽처럼 넘어가서 끊임없이 먹었고, 남은 오트밀도 모조리 긁어 먹었다. 페리로 20분을 조금 넘게 운행하는 거리였는데, 오트밀을 먹는다고 잠을 못 자서 그런가 10분 정도 주변 풍경을 보다가 대장님께 기대어 잠이 들었다. 목적지에 도착하니, 선발대가 마중 나와서 반겨주었다.

호바트로 가는 차에서 잠을 자는 동안 위에서 오트밀은 불어만 갔다. 차

가 덜컹거림과 동시에 목에서 꿀럭이며 오트밀이 올라오기 시작했다. 꿀럭임이 잠시 멈춘 동안에 대장님께 말씀을 드렸다. “대장님 속이 안 좋습니다.” “누가?” “종상이 입니다.” 바닥에 놓인 기빈이 카고백 안의 사과 포장지를 뜯어, 쏟아져나오는 토사물을 받쳤지만, 양이 많아지면서 봉투가 터지고 바닥으로 흘렀다. 내 옆자리인 준희와 앞자리의 우주는 이미 온몸에 토사물이 튄 상태였지만, 휴지가 찢어져 토사물이 손에 묻는 것도 아랑곳하지 않고 함께 치우는 것을 도와주었다. 나도 손을 데기가 어려운 수준이었는데 함께 뒷정리해주어서 너무나 고맙게 느껴졌다.

늦게 식당에 도착하였지만, 다행히 피쉬앤칩스를 먹을 수 있었다. 식당에 가서 먹는 첫 매식이라 그런가? 맛은 꽤 있었고, 비싼 호주의 물가를 직접 체험할 수 있었던 좋은 경험이었다.

냄새가 빠지지 않은 차량에 탑승하여 숙소로 복귀하는 도중에, ‘이제 토하는 것은 종달새로 하자’는 의견이 나왔다. 우리 팀은 생리현상마다 새 이름을 붙였는데, 소변은 참새, 대변은 독수리, 방귀는 박쥐였다. 그리고 오늘, 토하는 것은 종달새라고 이름이 붙여졌다. 수많은 종달새 얘기를 들으며 숙소로 돌아왔다.

Day 10 기자님, 잠시 안녕!

레거시 공원(예비일)

문기빈

새벽 7시에 일어나 대원들과 함께 세노테프 공원을 향하여 뛰러 갔다. 어제 저녁을 먹었던 식당 쪽 항구를 아침에도 지나가 보았다. 공원에 도착하여 사과를 한 개 먹으며 여유롭게 둘러보았다. 숙소에 도착하여 빨래팀, 울월스에서 BBQ 장을 보는 팀, 그레이엄 아파트에 가서 기자님의 짐과 다음 탐사에 필요한 짐들을 가져오는 팀으로 나누어서 움직였다.

그레이엄에 도착하여 카운터로 가니 여자 직원분이 친절하게 짐이 있는 방으로 안내해주셨고, 우리는 후다닥 들어가서 짐을 챙겨서 나왔다. 얼마 지나지 않아 기자님이 공항을 향해 출발하셨다. 부드럽고 굵직한 목소리로 우리에게 칭찬을 아끼지 않았고 농담도 좋아하고 사진찍기를 좋아하는 기자님과 헤어지는 것이 조금은 아쉬웠다. 호탕한 웃음소리도, 항상 고맙다고 표현해주시는 말들도 그리울 것 같았다. 그렇지만 만남이 있으면 헤어짐도 있는 법! 기자님과 덕담을 나누고 포옹을 한 후 우창이 형이 기자님을 공항으로 모시고 갔다. 우리는 탐사가 끝나고 서울에서 합숙하며 보고서와 일지를 정리하기 때문에 서울에서 다시 만나 맛있는 밥을 꼭 먹자고 약속하였다.

장 보는 팀이 오기 전 대장님과 종상이 형, 우주와 함께 피존 홀 제과점에서 아침 식사를 위한 빵을 구매하였다. 빵을 먹고 난 후 우리는 바비큐파티하러 레거시 공원로 향하였다. 태즈메이니아 공원에는 고기를 구워 먹을 수 있도록 바비큐 시설이 되어 있다. 울월스에서 저렴한 가격에 사 온 소고기, 돼지고기, 양고기, 그리고 왈라비 고기를 구워 먹을 생각에 군침이 돌았다. 우창이 형의 고기 굽는 실력은 일품이었다. 고기를 다 먹고 난 뒤에는 놀이터에 있는 암벽에서 대장님배 클라이밍 대회를 진행하였다. 좀 더 빠르게 해서 결승에 진출했으면 하는 아쉬움이 조금 남았다. 태종이는 선수 출신답게 정말 벽을 잘 타는 것 같다. 그렇지만 우승은 태종이가 아닌 준호가 하였다. 태종이는 유력한 우승 후보였고 완주 속도도 제일 빨랐지만, 결승전에서 엉덩이가 바지를 먹은 모습이 너무 적나라해서 팀원 전체가 웃음바다에 빠졌고, 본인도 너무 웃겼던 나머지 끝까지 올라가지 못하고 떨어져 버렸다.

항구 앞에서 젤라또를 먹은 후 울월스에 가서 프레이시넷 탐사에 필요한 식량과 프레이시넷, 마리아 섬을 통틀어 필요한 행동식도 구매하였다. 다들 장을 보는데 숙련도가 생겨서 빠르고 효율적으로 장을 보고 숙소로 복귀하였다. 식량 배분을 하는 동안 태종이와 서현이가 맥도날드에 방문 포장을 하러 갔다 와주었다. 그렇게 짐 패킹을 완료하고 각자의 빨래를 배분하고 다음 날 탐사를 위해 잠을 청하였다.

Day 11 인생 영화 같은 탐사

프라이시넷 페닌슐라 서킷 트랙 ~ 해자드 해변 ~ 쿡스 해변 / 14km

고준호

전날 밤 씻지 않고 잠들어서 아침에 일찍 일어나 우주와 함께 샤워하고 배낭 패킹을 마저 하였다. 배낭을 1층에 내려 두고 방에 한 번 더 가서 두고 온 것이 있는지 확인했다. 차를 타고 프라이시넷 방문자센터로 가는 길에 나는 잠이 들었다. 방문자센터에 도착해서 차에 있던 제로 콜라를 꺼내 지도위원님께 하나를 드리고 나도 하나를 마셨다. 콜라를 마시며 방문자센터에서 캥거루 가죽으로 만든 카우보이모자가 있어 써보았다. 맘에 들었지만 사지는 않았다. 우창이 형도 그 모자를 써 보았는데 정말 잘 어울렸다. 기념품 구경을 끝내고 차에 탔는데 종상이 형, 기빈이 형이 화장실 갔다고 해서 기다리는데

안 와서 찾으러 갔더니, 방문자센터에서 직원과 얘기하고 있었다. 차로 돌아온 기빈이 형은 운행 계획에 조금 변동이 있을 거라고 말해주었다.

주차장에서 우린 산행 준비를 했다. 배낭을 내리고 등산화를 신고 스패츠를 착용했다. 캥거루처럼 생긴 왈라비가 있었는데 우릴 보고 도망도 가지 않고 그대로 있었다. 우리가 먹다 흘린 과자를 가까이 와서 먹기도 했다. 공원에는 왈라비를 만나도 먹이를 주지 말라고 쓰여 있었다. 심지어 벌금까지 물린다고 한다.

이번 코스는 경사가 그렇게 많지도 않고 심하지도 않아 체력 소모가 크게 없었다. 우리는 얘기를 나누며 빠르게 이동하였고, 가다가 불에 탄 나무도 보고 해변이 살짝 보이기 시작하는 길을 걸었다. 해변을 향하는 길에 접어드니 바닷물이 푸른빛을 띠며 정말 깨끗했다. 바닷가에서 죽어 있는 물개를 봤다. 죽은 물개를 보고 이 해변에 물개가 살지 않을까 생각했다. 멋진 바위에 올라 재미있는 사진도 찍었다.

쿡스 비치 가는 길에 자기 인생 영화에 대해 생각해놓으라는 전달 사항을 듣고 나는 나의 인생 영화가 무엇인지 곰곰이 생각하며 산행했다. 쿡스 비치에 도착해서 텐트 출입구가 바다를 향하도록 텐트를 설치했다. 탐사를 하면서 첫 텐트 설치여서 훈련 때처럼 빠르게 하지는 못했지만, 속도를 내려고 애썼다. 텐트는 설치했지만, 식사는 쿡스 헛으로 이동해서 해야 해서 시에라 컵, 수저, 식자재, 물 등을 들고 이동하였다. 울창한 숲 안에서 쿡스 헛을 찾는 것이 쉽지 않았지만, 조금씩 보이는 불빛을 보고 따라가서 쿡스 헛에 도착했다.

식사 준비를 하려고 수통에 물을 받았는데 이물질과 모기 유충처럼 생긴 것들이 꿈틀거려서 나는 텐트로 돌아가서 휴대용 간이정수기를 들고 왔다. 정수했는데도 이물질이 보여서 우창이 형이 준비해온 거름종이에 걸러서 비로소 물을 사용할 수 있었다. 오늘도 우창이 형이 고기를 구워줬다. 따뜻한 고기와 흰밥, 계란찜, 계란 북엇국을 먹었다. 내가 산에서 이렇게 따뜻한 계란찜을 먹을 줄 상상도 못 했다.

식사 후 차를 마시면서 산행 반성회 시간에 인생 영화 얘기를 했다. 나는 나의 인생 영화를 히말라야로 선택하였다. 지금까지 7년 정도 클라이밍을 하고 있으니 주변 분들로부터 히말라야 갔다 오신 얘기를 많이 들었다. 자연스럽게 히말라야 영화를 관심 있게 보았다. 이 영화를 시작으로 엄홍길 대장님 다큐멘터리, 박무택, 고미영, 박정현, 김홍빈, 김창호 등 여러 산악인의 다큐멘터리를 보았다. 프리솔로, 알피니스트 등 영화 프로그램 등을 찾아서 많이 보았었다. 그래서 나의 인생 영화는 '히말라야' 라고 발표했다. 우리는 각자 인생 영화를 얘기를 마치고 식기를 정리한 다음 바닷가 텐트로 갔다. 태종이 형과 서현이 누나가 비박한다고 밖으로 나가길래 춥고 바람이 세게 부는데 괜찮으려나 조금 걱정을 했다. 나는 우주와 침낭 하나를 쫙 펼쳐서 깔고 같이 붙어서 침낭을 덮고 잤다.

Day 12 날씨에 대한 두려움

쿡스 해변 ~ 그레이엄 ~ 프라이시넷 ~ 와인 글라스 베이 캠핑장 / 14.5km

김우창

탐사 계획과는 반대로 방향으로 프라이시넷을 돌고 있다. 오늘 운행은 14.5km로 그리 길지 않은 거리이지만 그레이엄 산과 프라이시넷 산을 오른다. 조금은 힘든 산행이 예정되어 있었다. 여전히 계획된 시간에 출발은 못 했지만, 충분히 해가 지기 전에 와인글래스 베이 해변 캠핑장에 도착을 할 수 있는 여유는 있었다. 하지만 운행 중간 사진 촬영을 해야 해서 운행 속도가 많이 느려졌고, 거기에 비까지 쏟아지고 바람이 불기 시작하여 운행 속도는 더욱 느려지게 되었다. 대원들은 표정이 굳어가는 게 보였고 급하게 운행하기 시작 했다. 그러나 많은 비로 매우 미끄러워진 길에 진창이

많이 생겨 운행에 큰 속도가 나지 않았고 대원들은 많이 당황한 것 같았다. 나 역시도 바위 위에서 미끄러져 한번 넘어졌고, 대원 중 하나는 스틱이 부러지는 일도 있을 정도로 운행이 쉽지 않았다. 아직 많은 경험이 없는 상황이니 당연히 그럴 수 있다고 생각하고 대장님과 뒤에서 묵묵히 지켜보며 따라갔다. 중간에 계획되어있는 식사도 행동식으로 대체하여 운행을 진행하였다.

운행 도중 당황스러운 소식이 있었는데 와인글래스 베이 해변 캠핑장에서 야영을 취소하고 바로 차까지 운행해서 차를 타고 호바트로 이동해 호텔에서 쉬자는 내용이었다. 나는 걱정부터 되었다. 와인글래스 베이 해변까지 8시간, 지금 속도면 주차장까지 4시간, 총 12시간을 운행하고 나는 3시간 운전을 해서 호바트로 가야 했다. 처음으로 대원들을 걱정하지 않고 스스로를 걱정하게 되었다. '내 체력이 버텨 줄 수 있을까? 대원들을 호바트까지 운전해서 데려다 주는 게 안전할까?' 하는 걱정과 한편으로는 대원들에게 서운한 감정이 생기기도 했다.

다행히 기존 계획으로 와인글래스 베이 해변 캠핑장에서 야영하게 되어서 마음을 놓을 수 있었다. 다만 안타까운 점은 와인글래스 베이 해변 캠핑장은 식수로 사용할 물을 구할 방법이 없어 대원들이 물을 아껴 마셨어야 했다. 나는 긴장이 풀리고 갈증이 생겨 물을 마시고 싶어 정수 필터를 이용해 물을 정수한 후 끓여 마셨다. 그리고 치즈와 크레커로 저녁을 해결하고 옷을 갈아입고 텐트 안에서 젖은 옷을 말렸다.

그리고 대장님과 탐사에 대한 많은 이야기를 나누었고 내가 해야 할 행동에 대해 많은 조언을 얻을 수 있었다. 사실 이번 탐사 때 나는 대원들에게 오로라와 바다사자나 고래와 같은 것들을 보여주고 싶었다. 그래서 매일 밤 오로라 차트를 확인하고 밤마다 밖으로 나와 하늘을 확인했지만 아쉽게도 오로라를 보여줄 수 없었고 운행하는 중간중간 바다를 관찰하였지만 고래 역시 보여줄 수 없어 아쉬움이 많이 남는 탐사였다.

Day 13 새로운 인연 새로운 추억

와인 글라스 베이 해변 캠핑장 ~ 와인 글라스 베이 해변/4km

이우주

프라이시넷 마지막 날이다. 참새가 마려워 일어났다. 나는 화장실에 가려고 했지만, 너무 마려워서 어쩔 수 없이 풀숲에다가 잡았다. 지퍼를 내리는데 내 앞에 왈라비가 있어서 당황했다. 순간 휴대전화를 켜서 사진을 찍고 영상 촬영을 하였다. 그리고 참새를 잡았다. 모두 자고 있었는데 지도위원님만 일찍 일어나서 세수하고 침낭과 텐트, 젖은 옷, 젖은 신발, 젖은 장비 등을 해풍에 말리고 있었다. 나는 혼자 와인 글라스 베이 해변을 걸었다. 물개 사체를 또 보았다. 첫날 본 물개 사체보다 부패가 진행되었고 머리도 없었다. 텐트로 돌아가니 종상이 형이 더 자라고 해서 다시 잠을 잤다.

태종이 형이 와인 글라스 베이에에 들어가자고 했다. 너무 피곤해서 안 간다고 했다. 옆에서 종상이 형이 어젯밤에 봤던 배까지 수영해서 올라가자고 했다. 배까지 수영하자는 소리에 잠을 깨고 함께 가자고 했다. 팬티만 입고 들어갔다. 대장님이 물에 들어가기 전에 몸을 풀고 들어가라고 하셨고, 와인 글라스 베이에 해변을 뛰라고 하셨다. 나와 태종이 형 종상이 형은 달리기했고, 기빈이 형과 준희 누나는 체조하고 물에 들어갔다. 바닷물은 오버랜드 트랙의 윈드메어보다 춥지 않았다. 물안경이 없어서 머리는 물 안으로 넣지 못했는데도 물 안쪽이 너무 투명하게 잘 보였다. 우리는 배에 도착 했고, 선장님이 사다리를 내려주셔서 배 위로 올라갔다. 배에 있던 사람들과 사진을 찍고 대화도 나눴다. 바람이 불어 추워서 가려고 하는데 선장님이 물고기와 물을 싸주신다고 기다리라고 하였다. 정말 추워서 선장실에 들어가서 담요를 덮고 히터 앞에서 몸을 녹였다. 선장님이 배를 돌려서 최대한 해변과 가깝게 다가갔다. 체온을 올리기 위해 팔굽혀펴기와 스쿼트를 하고 나서 물고기와 물을 받아 배에서 뛰어 내렸다. 갑자기 목덜미가 땡겨서 죽을까 봐 미친 듯이 수영을 해서 해변에 도착했다. 너무 추웠지만, 기념사진을 찍고 나서 옷을 갈아입었다. 침낭에 들어가도 체온이 올라가지 않았다.

우린 출발 전에 라면을 끓여 먹고 텐트를 철수했다. 이후 일정은 4km만 걸으면 된다. 출발이 2시간이나 늦었고 대장님께 혼났다. 늦은 이유는 젖은 장비들을 밖에 말리고 있었는데 우리가 수영하는 동안 바람이 많이 불어서 말리던 장비들이 바람에 날아가 버린 사고가 있었다. 여기저기 날아간 장비들을 주워 왔지만, 텐트도 날아가서 나무에 찢기고 돌에 찍혀서 찢어지고 말았다. 장비 관리는 잘해야 함을 몸소 경험으로 절실하게 배웠다.

와인 글라스 베이 해변을 걸어 전망대에 오르는 길은 엄청 가팔랐다. 전망대 오르니 와인 글라스 해변이 한눈에 들어왔고 어제 넘은 두 개의 산도 보였다. 하산은 빠른 속도로 진행되었고 우린 금세 주차장에 도착했다. 차를 타고 몇분 있다가 바로 잠들었다.

저녁메뉴는 마라탕이다. 마라탕이 한국과 다르게 맵지 않아서 너무 좋았다. 마라탕을 먹고 식량을 구매하고 아이스크림을 구매 하였다. 초코 바나나 아이스크림을 먹었다. 우리는 그레이엄 아파트 가서 준비하고 배낭 패킹을 하고 받았던 물고기 손질을 하고 수박을 먹었다. 우창이형이랑 준호형이 자전거에 대해 대화를 했고 자전거에 진심인걸 느꼈다. 배낭 패킹을 끝내놓고 잠을 잤다.

Day 14 대원 첫 자전거 탐사

트리어번나~ 마리아 아일랜드 ~ 레저보아, 화석절벽 ~ 페이텐춰리 / 8.5km

김준희

6시에 일어나서 식사 준비를 했다. 종상 오빠가 물을 끓여준 덕분에 비빔밥에 바로 물을 넣어서 식사를 빠르게 할 수 있었다. 어제부터 아무리 찾아도 내 핸드폰이 보이지 않는다. 여행자센터에서 동물 모형과 태즈메이니아 데빌 티 타월 기념품을 산 후, 바로 앞 푸드트럭에서 대원들과 핫초코와 토스트를 사먹었는데 정말 꿀맛이었다.

여유롭게 시간을 보내고 마리아행 페리에 탑승했다. 밖으로 나가 페리 앞 코에 있던 대원들은 파도가 칠 때마다 만세를 하며 해맑게 웃는데, 바이킹 탄 학생들 같아서 웃겼다.

마리아 섬은 한적하고 조용한 곳이었다. 빨간 머리 앤이 살 것 같은 영화 같은 풍경이었다. 수레 2대에 배낭을 싣고 숙소로 갔다. 우리의 숙소는 달링턴이었는데 옛날 감옥이 있었던 유적지로 오래전 교도소로 쓰였던 곳이다. 영국이 호주를 식민지로 지배할 때 죄수를 가두는 유형지로 조성한 곳이다. 마리아 섬은 왈라비, 웜뱃, 태즈메이니아 데블 등 희귀 야생동물들을 볼 수 있는 곳이라고 하여 기대가 되었다.

추적추적 비가 내리기 시작했고, 수레를 끌고 숙소에 도착했는데 14시가 되어야 체크인을 할 수 있어서 우리는 숙소 앞 벤치에 앉아 기다렸다. 숙소 앞 초원에는 웜벳과 새들이 풀을 뜯고 있었다. 우리 방은 14명이 잘 수 있는 방이고 화로도 갖춰져 있었다. 지도위원님께서는 벌써 매트와 침낭을 다 펴고 짐 정리를 다 해놓으셨길래 나도 따라 정리하였다.

자전거 대여에 대해 기빈 오빠랑 알아보러 갔다. 다행히 오늘부터 빌릴 수 있다는 소식에 우리는 자전거를 빌려 화석 절벽에 가기로 했다. 2인 1조로 배낭을 1개만 들고 갔는데 나는 기빈 오빠, 준호와 한 조가 되어 가위바위보를 했다. 결국 내가 져서 2명의 행동식과 물통을 넣어 배낭을 들었다.

자전거와 헬멧을 빌렸는데 헬멧에서 냄새가 엄청나서 비니를 쓰고 쓸 수밖에 없었다. MTB 자전거를 타고 이동하는데 자전거로 산길을 가는 건 처음이라 넘어질까 봐 무서웠지만, 스릴 있었다. 흙탕물이 잔뜩 튀어도 재미있었다. 가는 길에 나무가 쓰러져있어 그 옆으로 좁은 공간을 통과하는데 서현이가 지나가다가 걸려 넘어졌다. 마침 태종 오빠가 영상을 찍고 있었는데 그 상황이 너무 웃겼다. 산길을 지나니 탁 트인 시야가 펼쳐지며 화석 절벽에 도착했다. 와……. 정말 아름다웠다. 자전거를 타면서 이런 풍경을 바라보며 즐길 수 있다는 것에 행복했다.

숙소로 돌아와서 장작을 패러 갔다. 은근히 도끼가 무겁고 정확도랑 힘, 리듬이 중요했다. 준호가 장작을 정말 잘 팼는데 전직 나무꾼인 듯했다. 그

후 다 같이 저녁 식사 준비를 했다. 지도위원님께서 밥을 하고 생선을 구워 주셨다. 눈치 게임을 해서 종상, 우주, 서현이가 걸려 설거지했다. 서현이가 오버랜드 때부터 줄곧 설거지를 계속하는 것 같아 미안하면서도 고마웠다.

티타임 시간을 가지며 산행 반성회를 시작했다. 우창이 형이 마시멜로를 후라이펜에 녹에 주었는데 크레커랑 먹으니 정말 이가 썩을 듯이 맛있었다. 옆에서 쉬지 않고 먹었다. 이틀간 있었던 일에 대해서 한 명씩 얘기하니 거의 2시간이 지나있었다. 그 후 20분가량 씻는 시간을 가지고, 대장님의 요가 클레스를 가졌다. 스트레칭하면서 노곤해져서 졸음이 쏟아졌다. 침대에 누워서 오늘 먹은 식량에 대해 정리를 한 후 취침했다.

Day 15 회복과 마무리

프렌치농장 ~ 쇼알 베이/32km

김우창

내일 아침 배를 타고 트리어번나 항으로 돌아간 후 호바트로 돌아가기 때문에 공식적으로 오늘이 마지막 탐사가 되는 날이다. 마지막 탐사인 만큼 아무 사고 없이 대원들이 목표로 했던 탐사를 잘 할 수 있었으면 하는 하루였다.

전날 오후에 빌린 자전거를 가지고 오늘은 쇼알 만과 리들 만 사이의 가느다란 해변까지 탐사할 계획이라고 전달받았다. 하지만 그 길은 자전거에 익숙하지 않은 사람이 운행하기 어려운 모랫길이고 표지판에 자전거로 가는 시간이 나와 있지 않으니 등반대장에게 무리하지 않는 상황에서 잘 판단해보고 진행하라고 조언해주었다. 이미 지도위원이 단독으로 다녀왔다고 전해 들은 대원들은 본인들도 충분히 할 수 있으리라 판단했고 출발하

였다. 하지만 길은 생각보다 어려웠고 일부 대원들이 자전거를 중간중간 끌고 갔어야 했다. 그리고 무리한 운행으로 한 대원의 자전거에 문제가 생겨 더 이상 탐사를 진행할 수가 없어 대원들은 목적지를 조금 남겨두고 다들 돌아와야 했다. 자전거를 끌고 가던 대원은 다행히 자전거를 타고 가던 대원과 연락이 된 운전 중인 레인저와 만나 자전거를 차에 실어 보낼 수 있었고 나머지 대원들은 자전거를 타고 숙소로 복귀할 수 있었다.

그래도 꽤 긴 거리를 자전거를 타고 마리아 섬 전체의 1/4을 탐사 할 수 있었다. 취미로 자전거를 즐기는 나에게도 매우 행복한 시간이었고 산악자전거의 매력도 알 수 있었다. 전날까지 비가 오다 오늘은 날씨도 아주 좋았고 마리아 섬의 야생동물과 바다를 볼 수 있어 탐사 마지막을 리커버리하는 탐사로 마무리할 수 있었던 점도 좋았다.

이렇게 마지막 탐사까지 함께하며 대원들을 지켜 보니 패기는 넘치나 그 패기를 실현해줄 준비성은 아주 부족하다고 느꼈다. 하고 싶은 것은 많으나 그것을 하기 위해 무엇을 준비해야 하는지 그리고 그것이 실패했을 때의 대비는 없었다. 아마 나 역시도 10년 전 탐사 때는 저런 모습이지 않았을까 생각된다. 그때는 보이지 않았던 게 지금에서야 보이게 되었다. 한정된 시간과 예산에서 보다 많은 것들을 경험하고 느끼려면 더 많은 계획과 준비가 필요하다.

나는 내가 했던 그 실수를 이번 대원들은 하지 않았으면 했지만 내 전달력이 아주 부족했던 것 같다. 그래도 대원들은 나보다 좀 더 빨리 이런 실수에 대해 해결책을 찾고 앞으로 더욱 많은 걸 느끼고 경험할 수 있기를 바란다. 나 역시도 이번 탐사를 통해 어디를 가느냐보다 누군가와 하는가가 더 중요하다는 것을 다시 느꼈고, 새로운 사람들과 하는 탐사는 언제나 흥미롭고 신나는 일이지만 마음가짐을 그들에 맞춰 다시 잡아야 한다는 점을 배웠다. 과거 나의 탐사기준을 가지고 새로운 사람과 함께 하는 것이 아닌 새로운 사람의 기준을 가지고 나의 탐사를 함께 해야 한다는 점을 배운 탐사였다.

Day 16 OCTOBER는 8월!

마리아 아일랜드 ~ 트리어번나 ~ 호바트

이종상

마리아 아일랜드에서의 마지막 날이다. 16시 페리였지만, 일정이 빨리 끝나서 10시 45분 페리로 변경하였다. 아쉬운 마음을 뒤로하고 교도소 숙박시설에서 짐 정리를 하였다. 페리 탑승 전까지 해단식 영상과 단체 사진을 촬영하였다. 낡은 건물에 팀원들과 나란히 앉아 바다를 바라보는 것은 마음을 편안하게 만들어주었다. 지금까지의 탐사 동안 다친 팀원들이 없고, 싸우거나 사이가 멀어진 팀원들이 없다는 것만으로도 충분하다는 생각이 들었다. 탐사 전부터 OB 선배들을 만날 때마다 항상 팀원들의 마찰과

부상에 관해서 물어봤고, 그 대답을 모두 기억하기 때문이었다.

두 번째로 탄 페리는 이전만큼 흔들리지 않아서 편안하게 올 수 있었다. 이제 탐사가 끝나가기 때문에, 보고서와 일지의 등을 작성해야 했고, 페리 안에서 대원들과 협력하여 초안을 작성하였다. 탐사를 마치고 바라보는 마리아 섬은 여전히 멋있었다. 멋있는 사람들과 좋은 경험을 하여서가 아닐까.

트리어번나에 도착하여 페리 밖의 풍경을 바라보는데, 와인 글라스 비치에서 수영해온 우리를 맞아준 빨간색 페리가 보였다. 설마 하는 마음에 가서 자세히 보니 맥 할아버지가 있었고, 우리는 가서 인사를 했다. 맥 할아버지는 생선이 맛있었냐고 물어보았고, 기빈이의 이메일이 잘못되었다며 자신의 휴대폰 번호로 이메일을 다시 전송해줄 것을 말하였다. 다시 만난 것을 기념하여 사진 촬영을 하고 헤어졌다. 다음에 호주에 또 오게 된다면 꼭 맥 할아버지의 가게에 들러 은혜에 보답하고, 추억에 관해서 얘기하는 시간을 가져보고 싶다.

트리어번나에서 숙소로 가는 길에 헝그리잭에서 햄버거와 디저트류를 주문하여 점심을 해결하였다. 헝그리잭은 한국의 버거킹과 같은 브랜드인데, 호주에 이미 어떤 할아버지가 '버거킹' 이라는 상호을 내놓아서 새로 만들어진 상표라고 한다. 역시 메뉴나 맛은 한국과 똑같았다. 하지만 한국에서 먹던 맛을 호주에서도 즐길 수 있어서 오히려 정겨운 느낌이 들기도 하였다.

19시 40분에 출발할 때까지 준희, 기빈이와 코인세탁소에 가서 빨래를 하면서 보고서를 작성하였다. 건조까지 시킨 후에 숙소까지 가지고 갔다. 보고서를 정리하다가 야시장으로 출발할 시각이 되어 차량에 탑승하고 출발하였다.

20여 분을 달렸을까, 야시장이 있어야 할 곳에는 아무것도 없었다. 혹시나 하는 마음에 조금 더 깊숙이 들어가 보았지만, 불빛 하나 찾아보기 힘들었다. 심장이 덜컹하였다. 단톡방의 야시장 현수막을 다시 확인해보았다. OCTOBER……. OCTOBER를 8월로 착각하고 10월에 열리는 야시장을 즐기러 온 것이다. 등반대장으로서 다시 한번 확인했어야 했는데, 영어에 약하다는 핑계로 합리화하며 영어를 잘하는 대원에게 책임 전가를 하여 벌어진 결과였다. 결국 야시장은 구경도 하지 못하고 숙소에서 먹을 간식거리와 예비 일에 만들어 먹을 식재료를 사서 숙소로 갔다.

운행 대원과 오늘 있었던 일들에 관해서 이야기하면서 보고서를 작성하였다. 대장님께 보고서 검사를 받고 취침하였다.

Day 17 호주의 현대미술, 모나박물관!

레거시 공원 ~ 모나 박물관

윤태종

모든 탐사가 끝나고 첫 번째 예비 일이다. 한결 마음이 편한 상태로 일어났다. 푹신한 침대에 누워서 잠을 자고 나니 오랜만에 푹 잔 거 같아 정말 개운했다. 오늘 아침은 간단하게 샌드위치이다. 아보카도, 베이컨과 같이 간단하게 먹을 수 있는 식자재들을 구매해놨고, 자기 전에 재료들을 미리 준비해두어서 빠르고 간편하게 먹을 수 있었다. 밥을 먹고 어제 대장님께 검사받은 담당별 보고서에 대한 수정이 진행됐다. 한두 시간 정도 보고서를 작성한 후에 대장님께 검사를 받았다. 내 생각보다 나는 부족하게 적은 내용들이 많았고, 보고서 수정 사항을 전달받았다.

오늘 점심은 바비큐 파티이다. 모짜렐라 치즈와 새우도 준비했다. 새우가 다 익은 것 같아 한입 먹었는데 비린내가 났다. 알고 보니 버터같이 향신료를 안 넣어서 그런 것이었고, 우창이 형이 새우에 버터를 넣어주니 훨씬 더 맛있었다. 우창이 형이 구운 고기는 정말 맛있고, 굽기도 너무 적당하고 좋았다.

숙소에 도착해서 식품들을 냉장고에 넣어두고 모나박물관으로 출발했다. 모나박물관은 호바트에 있는 태즈메이니아주립 박물관이다. 우리에게 박물관을 관람할 시간이 2시간 정도밖에 남지 않았다. 표를 사고 들어갔는데 박물관 전체가 지하에 있었다. 입구에 앱을 설치하라는 안내가 있어 봤더니 'the O'라는 앱이고, 나의 현재위치, 박물관 작품에 대한 내용들을 설명하는 것 같았다. 나는 맨 아래 지하 3층부터 천천히 돌아봤는데 어두운 내용들이 많았다. 성적인 부분들에 대한 작품들도 있었는데, 나무에 통조림이 달려있었고, 거기에 남자의 성기가 달린 작품도 있고, 중간층에는 여성들의 성기를 본떠 만든 작품도 있었다. 나중에 들으니 고등학생인 우주는 이게 무엇인지도 모르고 그냥 가까이 다가가서 구경했는데 사람들이 우주를 쳐다보는 것 같아서 부끄러웠다고 했다. 또 사람의 배설물을 정제해 6가지 정도의 과정을 거쳐 사람이 먹을 수 있는 물이 되는 내용도 있었다. '사람의 배설물이 물이 되고 이 물로 음식을 만들었다는 것을 안다면, 당신은 그 음식을 먹을 수 있겠습니까?' 라고 멘트하는데, 사람의 인식이 중요하다는 것을 깨달았다. 모르니까 마셨지 미리 안다면 마실 수 있었을까. 이 밖에 네모난 공간 안에 이리저리 투명한 유리구슬들이 굴러다니는 작품도 있었는데, 굴러가는 것에 그치는 게 아닌, 이것의 패턴을 분석하여, 소리로 나타내고, 그것을 데이터화해서 모니터에 표시하는 것이었다. 나는 정확하게 이해는 하지 못했지만, 이 모니터에 표시되는 게 마치 우주와 비슷했고, 우주를 표현한 것이 아니냐는 생각이 들었다. 마지막으로 기억에 남는 것은 바깥과 소통을 할 수 있는 관 형태의 구조물이었는데, 이게 지상까지 연결되어 지상과 양방향 소통을 할 수 있었다. 나는 안에서 바깥의 소리를 들었는데 아이의 울음소리가 들린 것이 인상 깊게 기억에 남는다.

박물관 구경을 마치고 밖으로 나오니 기빈이와 준호가 있었다. 둘은 몸 상태가 안 좋아 보였고, 탐사 기간 내내 유지했던 긴장이 풀리면서 피로와 감기가 함께 온 것 같았다. 저녁 식사는 준희와 우주가 파스타를 준비했다. 나는 잠에 빠져있어서 누가 음식을 하는지 밖에서 무엇을 하는지 정신도 못 차리고 잠만 잤는데 밥이 차려져 있어서 자는 동안 고생한 대원들이 고마웠다.

Day 18 달콤한 자유시간

호바트

김서현

자유시간을 가지는 날이다. 그동안 쉼 없이 짜인 일정을 소화했기 때문에, 마치 패키지여행을 다니다 잠깐의 자유시간을 받는 것 같았다, 이제는 조금 익숙해진, 호바트 YHA 호스텔 앞의 빵집 피존 홀에서 각자 원하는 빵과 핫초코를 테이크아웃해서 우리가 놀 곳까지 이동했다. 클라이밍을 꼭 해보자고 했던 태종, 기빈 오빠와 함께 다니기로 했다. 가는 길에도 여러 구경거리가 있었다. 우리가 가장 관심 있어 했던 것은 역시 아웃도어 장비점이다. 암벽 장비를 오프라인에서 직접 보고 살 수 있는 곳이 도심에 존재한

다는 게 좋아 보였다. 장비점 몇 곳을 구경하다가 생각보다 시간이 많이 흘렀다는 사실을 깨닫고는 부랴부랴 공차로 향했다.

음료를 들고 클라이밍장에 입장했다. 'Rock it'이라는 이름의 암장은 넓고 깔끔했다. 볼더링 존도 있고 여러 층을 터서 만든 리딩 벽도 있었다. 평일 낮이라 그런지 이용객은 한두 사람이 전부였다. 난이도 표를 보며 간단히 몸을 푼 뒤, 볼더링부터 시도했다. 우리 셋 다 오지탐사대를 준비하며 시간이 없어 클라이밍을 오래 쉬었던 탓에 전처럼 잘하지는 못했지만, 정말 즐거웠다. 리딩도 잠깐 해보았는데, 예상치 못한 엄청난 재미가 우리를 기다리고 있었다. 클라이밍 장이 위아래로 여러 층이다 보니 공간을 활용한 모험 터널들이 있었다. 대략 9개 정도의 터널 루트 중 원하는 걸 골라 들어가면 비좁고 어두운 미로 같은 터널을 기어 다니며 탐험할 수 있는 것이다. 터널마다 테마가 있고 난이도가 적혀있었다. 짧게는 1분부터 가장 어려운 것은 10분까지도 걸린다고 쓰여 있다. 우리는 신나게 루트를 하나씩 골라 들어갔다. 기어 다니다 보니 무릎이 아프기는 했지만, 어릴 때로 돌아간 것 같아 너무 재미있었다. 시간 가는 줄 모르고 놀다 보니 가야 할 시간이 가까워져 마지막으로 어려운 루트 중 하나를 셋이 같이 들어가기로 했다. 비좁은 터널에 성인 세 사람이 몸을 구겨 들어가서 노는 게 이렇게 재미있을 줄 몰랐다. 무사히 탈출한 우리는 기념사진을 찍고 클라이밍 장을 나왔다.

우리에게 주어진 식비 90달러 중 공차에서 쓴 21.1달러를 제한 68.9달러로 밥을 먹었다. 치킨을 파는 식당에 들어가 프라이드치킨, 꿀이 발라진 치킨, 찜닭 같은 양념이 된 닭 등을 시켜 먹었다. 한국 치킨보다는 아니어도 꽤 만족스러운 식사였다.

급하게 울월스에 갔다. 내가 호주에서 꽂혀버린 초콜릿, 정확히는 달고나 바에 초콜릿 코팅이 되어 있는 'Violet Crumble'을 사기 위해서였다. 매주 봉사활동을 하는 보육원 아이들에게 나눠주고 싶어서 거기 있는 걸다 담아왔다. 그리고 트와이닝 티백이 저렴하길래 봉지 한가득 들어갈 만큼 많이 샀다. 형들도 드리고 친구들도 주기 위해서였다. 쇼핑을 마치고 다시 처음에 갔던 기념품 가게로 돌아갔더니 종상 오빠와 준희, 우주가 있었다. 준호는 컨디션이 좋지 않아 먼저 차로 돌아갔다고 한다. 꿀을 급하게 사고 차로 돌아갔다.

오늘 저녁 식사는 대장님 표 김치전과 김치찜이다. 오랜만에 느껴보는 고국의 맛, 김치전의 쫄깃함과 굽기가 적당해서 모두 정말 맛있게 먹었다.

Day 19 집 가고 싶으면 탑승구까지 뛰어!

호바트~ 멜버른 ~ 쿠알라룸푸르

윤태종

오늘 아침 8시 비행기를 타야 하는데 시간이 부족했고, 결국 대원들은 밤을 새워서 짐 패킹을 하고 엽서를 작성했다. 공용 카고백을 만들어 그곳에 공용장비를 넣었고, 국내선은 60kg을 추가했다. 국제선은 왔을 때 추가했던 수하물과 무게를 감안해 사전에 15kg의 추가 수하물을 신청했다. 나는 쪽잠을 조금씩 자면서 준비하였는데, 대원들은 자고 일어나도 여전히 엽서를 쓰고 있었다. 공용 카고백이 앞에서 입을 벌리고 있는데 아무도 도와주고 챙겨주지 않은 것은 조금 아쉬웠다.

국내선 항공을 타기 위해 먼저 가서 수하물을 부쳤다. 비행시간을 기다리며 우창이 형과 사진도 찍고 간식도 먹으면서 마지막 이야기를 나눴다. 어느새 정이 들어있었고, 친형과 같은 존재로 자리 잡은 형과 헤어진다는 것이 아쉬웠다. 그래도 해단식 날짜에 맞춰 한국에 온다고 하니 아쉬움이 좀 덜했다. 우창이 형과 포옹하고, 떨어지지 않는 발걸음을 탑승구로 향했다.

기내수하물 검사가 완만하게 이루어질 줄 알았으나, 준희 배낭에 다용도 칼이 있었고, 이미 위탁수하물은 발송한 상태여서 이것을 버려야 했다. 이때 우창이 형이 나타나 다용도 칼을 챙기면서 국내 해단식 때 돌려주겠다고 하였다. 무사히 탑승구 안으로 들어와 안에 기념품 가게를 구경하는데 갑자기 준희가 걱정되는 표정으로 나를 찾아왔다. 위탁수하물 안에 보조배터리가 있다고 했다. 아직 보조배터리에 대한 안내방송이 없으니 문제없을 것 같았지만 직원에게 확인했다. 다행히 문제없다는 의견을 들어 비행기에 무사히 탑승할 수 있었다.

1시간 20분 동안 짧은 비행을 거쳐 멜버른에 도착했다. 한국에 입국하려면 사전에 PCR 검사를 받아야 한다. 우리는 멜버른 공항에서 검사를 진행하기로 했는데 경유 시간이 짧아서 걱정했다. 수하물을 찾고 검사를 진행하고 결과를 기다리니 시간이 점점 촉박해지기 시작했다. 밥도 먹지 못해 몇몇 인원은 급하게 맥도날드에 가서 햄버거를 사 오기로 했고, 수송으로서 1시간 30분 정도 남았는데 아직 수하물을 보내지 않았다는 사실이 큰 스트레스로 다가왔다. 대원들 카고백 무게도 20kg으로 맞춰달라고 했지만 초과해서 가져온 인원들이 있어, 문제가 생길 것 같아 무게를 줄여달라고 부탁했고, 줄을 서면서 코로나 검사 결과가 나오기를 기다렸다.

우리는 번갈아 줄을 서며 햄버거를 먹었다. 나는 입국할 때 필요한 Q-코드를 작성하느라 바빴고 햄버거도 먹지 못한 채 수하물 신청하는 곳에 갔다. 대원들 모두가 편하게 가고자 75L 배낭이 아닌 어택백으로 비행기를 타서 수하물 무게가 추가 신청한 15kg을 훌쩍 넘어 43kg 가까이 초과되었다. 시간적인 여유가 있다면 등산화와 같이 무게가 있는 짐들을 다시 패킹하면서 무게를 줄였을 테지만 어쩔 수 없이 추가비용으로 700호주달러를 지불했다. 탑승 시간이 30여 분밖에 남지 않았는데 준호의 배낭에서 문제가 또 발생했다. 의료 가방과 손톱깎이 세트 안에 있는 가위가 문제가 되어 다 버리고 왔다.

탑승구까지의 거리는 약 10분 정도. 대장님과 나, 기빈이와 준호는 16번 탑승구까지 열심히 달렸고, 시간 안에 겨우 탈 수 있었다. 탑승하고 9시간 동안 잠만 잔 상태로 쿠알라룸푸르에 도착했다.

Day 20

탐사는 이제 시작이다!

쿠알라룸푸르~ 인천공항

이종상

인천공항에 도착하였다. 20여 일의 탐사도 끝이 났다. 입국 수속을 마치고 인천공항 내부에 들어섰는데, 후덥지근한 날씨가 여기가 한국의 여름이라는 것을 알려주었다. 한국의 여름에 대비해 하계옷을 입고 입국했는데도 너무 더웠다. 날씨부터 호주를 그리워지게 했다.

서울 산악구조대에서 지원해준 차량에 카고백과 배낭들을 싣고, 우리는 지하철을 타고 숙소로 갔다. 숙소에서 PCR 검사와 식사에 필요한 물품들만 챙긴 채 바로 나왔다. 숙소 근처 김밥천국에서 김밥, 떡볶이, 치즈볶음밥, 돈가스까지, 호주에 20일가량 있었지만, 마치 수년간 먹지 못했던 음식처럼 그리웠던 맛이었다.

근처 병원으로 PCR검사를 하러 갔는데, 접수를 하니 우리 대원들 모두 아직 출국 상태인것으로 되어 있어 건강보험 적용이 안된다고 하였다. 건강보험 대상자가 아니라면 1인당 10만 원 가까이 되는 금액을 내야 한다고 했다. 건강보험공단으로 10번 넘게 전화를 해도 통화가 되지 않아 우리는 서대문 보건소까지 가서 검사를 받아야 했다. PCR 검사를 하는데 면봉을 뇌에 닿을 때까지 쑤시는 것 같았다. 아픈 코를 부여잡고 팀원들이 있는 벤치에 앉았는데, 벤치의 폭이 좁아서 뒤로 넘어가고 말았다. 상황 파악이 안 되어서 5초 정도 가만히 있다가 일어났는데, 이 모습을 보고 서현이가 박장대소를 하였다. 20일간 이렇게 크게 웃는 것은 처음 보았다.

숙소로 돌아와 짐을 정리한 후에 사우나로 향하였다. 걸어서 1km가 넘는 거리였는데, 팀원들과 탐사할 때 있었던 에피소드들을 얘기하며 걸어가니 금새 도착했다.호주에 있을 때부터 온천에 가고 싶어 했던 우주는 몸이 풀린다며 좋아하였고, 나머지 대원들도 오랜만에 하는 찜질과 사우나를 즐겼다.

호주에서 귀국한 지 하루가 지났을 뿐인데 벌써 호주가 그리워진다. 한국에서는 보기 힘든 풍경과 야생동물들, 말은 통하지 않았지만 친절했던 외국인들, 깨끗한 시설들과 탐사지가 떠올랐다. 탐사 계획을 하면서 상상만 하던 것들의 대부분을 이루었다. 왈라비와 셀카도 찍어보고, 와인 글라스 베이에서 수영도 하였으며, 에베레스트 같은 산에 올라 풍경을 만끽하기도 하였다. 별이 보이는 바다에서 텐트를 치고 야영하며 사진을 촬영하고, 배가 터지도록 바비큐 파티를 하였다.

20일은 짧다면 짧지만, 그동안 많은 경험을 하였다. 내가 오지탐사대를 알지 못했더라면 경험하지 못했을 것들이 무엇이었을지 생각했다. 나는 여전히 해외에 나가는 것을 스스로 준비하기 어려워했을 것이고, 맥도날드 매장에서 주문을 확인하는 것조차 힘들어했을 것이다. 팀원들과 함께하며 동료애를 키웠고, 의리가 뭔지 알았으며, 여행의 의미를 깨닫게 되었다. 아쉬운 것이 없지 않지만 후회하지 않는다. 아쉬운 것에서도 얻는 것이 분명히 있으니까. 내일부터 보고서 작성을 본격적으로 시작한다. 그동안 정리했던 내용들과 산길샘 기록을 토대로 후배들에게 물려줄 자산을 가꾸어야 한다.

저녁 식사는 대원들이 모두 갈망하는 돼지고기 김치찌개 음식점에 가서 배가 터지게 먹었다. 탐사할 때 있었던 일들을 허심탄회하게 이야기하며 회포를 풀었다. 첫 훈련 때는 친하지 않아서 말을 붙이기도 힘들었지만, 지금은 어깨에 손을 올리고 장난을 치는 사이가 되었다. 앞으로도 이런 관계가 계속되어, 호주뿐만이 아니라, 우리가 투자하고 기획한 탐사를 다녀오고 싶다.

사람 한 명 한 명은 별이다.
탐사 준비와 마무리까지의 과정들 속에서
우리들은 끈끈하게 맺어져 아름다운 별자리가 되었다.
우리가 함께 '오지탐사대'라는 별자리를 수놓았다는 건
정말 영광이다.
산을 더 배우려고 노력하고
배운 것들을 후배들에게 물려줄 수 있는
멋진 형, OB가 될 것이다.

청춘어람이면, 이청어람

대장 김선화

한국 청소년 오지탐사대라는 말은 아직도 나를 가슴 떨리게 하는 말이다. 대원, 지도위원, 대장을 할 수 있음에 진심으로 감사하게 생각한다. 매 위치에서 최선을 다해 후회 없는 오지 탐사를 하고 왔다고 생각이 들지만, 이번 대장으로써 대원들에게 못내 못해 준 것이 없는지 하는 아쉬운 마음이 드는 것은 처음인 듯하다.

오지탐사대 OB 출신 대장으로서 이 길을 조금 먼저 걸어온 나는, 우리 대원들이 이 탐사를 통해 선후배 및 팀원들과 끈끈함과 애정을 알아가고, 산을 비롯한 자연에 대한 경외심과 그것을 잘 지켜내야 함을 배워 성장하는 것을 목표로 이를 달성하기 위한 매개체가 되어야겠다고 생각했다.

1박 2일간 아웃도어 테스트부터 대표 강사로 활동하며 예비 대원들과 만났다. 1차 용인에서 선발된 대원들과 만나 대상지를 발표 이후 대원들에게

"떠나기 전의 금요일, 토요일은 모두 함께 할 것"이라고 했다. 우리 팀의 국내 훈련은 훈련을 거듭할수록 현기증과 쥐가 나는 고된 훈련이 되었다. 발대식 3일 전 신촌 숙소에서 모여 마지막 짐 패킹과 서울 자전거 따릉이 훈련 및 인왕산 오르기로 마무리했다.

박달재에서부터 시작된 우리의 인연이 국내의 8번의 훈련으로 강인한

체력과 정신력을 성장시키며, 호주로의 탐사가 점점 다가올수록 국내 훈련 후기 일지와 함께 종합 계획서 작성으로 바쁘고 빠듯한 일주일이 되도록 했고, 대원들에게 오지탐사대 OB와 산 선배님들과의 만남의 자리를 적극적으로 만들었다. OB 선배들의 한마디의 말은 대장의 말과는 또 다른 무게와 울림으로 가슴과 머리에 남기에 또한 오지탐사대 OB에게도 또 다른 울림으로 다가가리라 믿기에 더욱 신경을 썼다.

이 자리를 빌려 호주에서의 20일간 탐사를 도와준 현지 대원 김우창에게도 큰 고마움을 전한다. 우창이는 모든 일정을 함께하며 차량 운행과 각종 제반 업무에 정말 세심함을 보였고, 대원들의 자율성과 계획에 지장을 주지 않으려 항상 고민하고 의견을 묻는 모습은 오지탐사대 선배이자 형으로서의 존중과 배려의 모습으로 우리 7명의 대원에게 좋은 본보기가 되었다.

처음 방문한 남반구인 호주는 시원하고 서늘한 겨울이었다. 우리나라에서는 전혀 볼 수 없었던, 영화나 매체에서만 봐 왔던 식생과 트레커들의 철저한 환경보호를 보며 대원들뿐만 아니라 나도 많은 것을 느꼈다. 불편한 점도 있었지만 지금까지 산에 다녔던 나는 너무 나 중심적인 생각을 하며 다녔던 거 같아 많은 반성을 하게 되기도 했다.

오버랜드 트랙이 왜 그리도 손에 꼽히는 트랙인지 피부로 와닿은 6일이 지나고 프라이시넷으로 이동하여 와인 글라스 비치의 해변 길을 걷는 코스는 정말이지 잊지 못할 것 같다. 하지만 아름다운 해변의 이면에는 식수를 구하기가 너무 힘들었고, 우중 산행으로 대원들이 돌아가자는 의견까지 나왔다. 그리고 가장 큰 이벤트는 텐트가 날아가 나무에 완전히 찢어져서 복구를 못 할 정도가 되어 버린 것이다. 하지만 선견지명이 있었던 걸까? 우리 팀 운행 담당인 기빈 대원이 다음 일정인 마리아 아일랜드에서 문화 교류의 명목으로 교도소로 사용되었던 숙소를 잡아 놓아 정말 다행이었다. 페리를 타고 가야 하는 마리아 아일랜드에서는 배를 처음 타본 드리머 대원 준호가 무척 좋아했고, 자전거 탐사 시 멋진 리더의 모습을 보였다. 평소 자전거를 많이 타기도 하고 관심이 많은 준호 대원을 선두로 우리는 자전거로 마리아 아일랜드 곳곳을 탐사했는데 정말이지 탁월한 선택이었다. 발대식 전 서울에서 따릉이를 타고 신촌에서 종로까지 자전거 길을 다녀온 것이 딱딱 들어맞아 국내 훈련에서 함께 한 모든 것들이 너무나 기억에 각인되는 순간이었다.

20일간의 탐사에서 매일 반복되는 짐 패킹과 35kg이 넘는 배낭을 각자 메고, 계속되는 새벽 산행과 야간 산행으로 지칠 대로 지친 와중에 몸과 생각에 익숙지 않은 LNT를 실천할 수밖에 없었던, 그리고 매일 이어지는 산행 반성회로 전 국가대표 역도 선수인 장미란 선수가 와도 들지 못한 눈꺼풀을 들어 올리며 함께 나누고 웃으며 때론 엄청나게 혼이 나 정신이 번쩍 들기도 하는 나날을 함께 보내온 우리 대원들이 대견하다.

5월부터 10월 오지탐사대 보고회가 마무리될 때까지 장작 5개월 동안 본인은 대원들에게 칭찬보다는 항상 호되게 뭐라고 무거운 분위기를 잡아왔다. 대원들과 처음 만나는 그날, 나는 대원들에게 말을 했다. 분명 나와 함께 하는 것이 힘들고 어려우며 빡빡할 거라고, 하지만 절대 후회하지 않게 될 거라고 말이다. 그때의 나의 말처럼 우리 대원들이 그리 느끼고 생각하길 바라며 우리 선배님들이 그러셨듯이 매사 진심을 다했다.

고된 훈련 속에서도 배낭을 메고 가도 즐거워하는 모습에 지나가는 등산객들의 응원에 더 신이나서 다시 배낭을 고쳐 매고 나아가는 모습이 진한 기억에 남아 아직도 웃음 짓게 한다. 한 아이를 키우려면 온 마을이 필요하다는 아프리카의 속담처럼, 한 산악인을 키우려면 우리나라의 온 산악인 선후배님들과 오지탐사대 OB를 비롯한 등산객이 필요하다고 생각한다.

항상 안전을 우선으로 산이 즐거워서 계속 오르고 싶은 마음과 도전이 멈추지 않도록 선후배님들과 우리나라 등산객과 함께 노력하여 우리 오지

탐사 대원들이 단단하고 크게 자라나길 바란다.

청출어람이면, 이청어람 이라고 했다.

우리 대원들이 나를 넘어 더욱 멋진 산 선배가 되길 바라본다.

콜핑과 함께하는 2022 한국청소년오지탐사대

지도위원 하태웅

한국청소년오지탐사대 지도위원으로 함께 하게 되었을 때 20대 나의 첫 해외 원정의 설레던 감정이 아련히 떠올랐다. 봄부터 부산학생산악연맹 등산학교 기간이라 등산학교 기간에 하중 훈련, 주마링, 비박 훈련이 포함되어 있어 오지탐사대 훈련에 도움이 되었다. 김선화 대장을 비롯한 태즈메이니아 탐사대 전원이 정말 열심히 훈련했다. 나 또한 대학산악부 시절을 되새기며 훈련에 충실히 임했다. 들어간 뱃살은 덤이었다.

코로나 19 여파로 항공편이 80~90%가 줄어든 상황에서 항공권 확보부

터 어려움이 있었다. 다행히 말레이시아 항공이 호주까지 운행하여 최종 태즈메이니아로 탐사지가 정해지게 되었다.

본격적인 훈련을 시작하면서부터 지도위원의 역할에 대한 명확한 규정이 없어 대장과의 역할 분담에 있어 모호한 부분이 발생했다. 산악활동 경험이 많은 지도위원들이 탐사대를 위한 어떤 위치에서 어떤 역할을 해야 하는지에 대한 논의가 필요할 것으로 보인다.

훈련 중 현지 정보를 알아보기 위해 오버랜드 트랙 유료 앱을 다운로드해 오버랜드 트랙의 루트를 연구했다. 루트, 표고차 등을 자세히 확인할 수 있어 많은 도움이 되었다. 에이전시가 있는 다른 탐사 팀보다 우리 팀은 모든 걸 우리 스스로 준비해야 했다. 다행히 현지에 체류 중인 오지탐사대 OB 대원 김우창이 결정적인 도움을 주었다.

출국 전 탐사대 짐을 꾸리는 과정에서 서울에서 3일간이나 합숙을 하며 패킹을 했는데도 짐 꾸리기에 대원들이 많이 지쳤고, 추가 요금이 부담되어 기내 캐리어에 짐을 많이 넣다 보니 대원들이 수송에 어려움을 겪었다.

탐사 첫날 75L 대형 배낭에 어택 배낭까지 하나씩 매달아 만만치 않은 짐을 진 대원들이 오지탐사 대 장정을 시작했다. 배낭의 무게감도 대원들의 호기로운 의욕을 꺾지는 못하나 보다. 걱정과 달리 대원들은 트레일에서 마주한 웜뱃을 보고 기뻐하고 사진을 찍는 모습에 마음이 놓였다. 출발이 늦어 걱정되기 시작하는데 비까지 오락가락한다. 대원 중 일부는 지친 기색이 역력하여 긴장 속에 운행을 진행하였다. 급경사를 내려오니 오늘의 안식처인 최신식 워터 폴 밸리 헛이 반가이 맞아준다. 오버랜드 트랙 자체가 길을 잃을 경우가 없을 정도로 트레일이 정돈되어 있지만 간격을 두고 헛에 도착하는 대원들을 걱정스럽게 기다렸다.

반 블러프를 등반하는 날이다. 새벽 어스름을 뚫고 출발부터 급경사를 올라갔다. 어제 내린 비로 트레일은 질퍽하였고 초입을 지나니 너덜지대가 버티고 있었다. 선두로 가던 대원이 길을 잃었다. 탐사대장이 등반을 포기하고 하산하자고 했지만 잠시 대기하라고 하고 루트 파악에 나섰다. 100m 쯤 너덜지대를 더 올라가니 삼각형 시그널이 눈에 띄었고 정상 능선까지 루트가 확실했다. 탐사대는 계속 진행했다. 정상 200m 못 미쳐 급경사를 올라야 하고 트래버스도 해야 한다. 사면에 눈이 있었지만, 주변으로 충분히 등반이 가능했다. 트레일이 S자처럼 이어져 정상 능선에서도 한참을 트래버스 해야 정상 캐른에 도착할 수 있었다. 나는 정상 20m 못 미쳐 대원 1명을 기다렸다가 대원이 먼저 정상석을 만지도록 하였다. 청소년 대원들의 행사이니 청소년 대원에게 좋은 추억을 만들어 주고 싶었다.

펠리온 헛까지 24km 정도를 운행하여야 한다. 거리에 비해 트레일 상태는 오르막 내리막 두세 군데 빼고는 완만하게 이어져 있어 트레일 난이도는 어렵지 않아 보였다.

대원들은 일출을 보고 드넓은 자연을 배경 삼아 걸으니 발걸음이 가벼웠다. 쉬는 곳마다 절경이며 찍는 곳마다 그림이었다. 예상보다 빨리 윈드 마이어 헛에 도착하였다. 갑자기 대원들이 겨울 호수로 뛰어들었다. 잊지 못할 추억을 만든다고 한다. 나는 감기가 걱정되었지만 한편 젊음을 부러워했다. 호수에 들어간 대원들 옷을 갈아입히고 펠리온까지 발걸음을 서둘렀다. 윈드 마이어 헛에서 펠리온 헛까지는 오전 운행보다 두 배 정도 멀었다. 도상거리 15km가 넘으니 마음이 아주 바빴다. 윈드 마이어 헛까지 가는 길이 더 미끄럽고 더 가파른 구간이 마지막에 나온다고 알고 있었다. 그래서 어두워지기 전에 탐사를 마치려고 발걸음이 자꾸 빨라졌다. 결국 펠리온 헛 5분 남겨두고 랜턴을 꺼냈고, 후미 대원들은 한참 뒤에야 눈발을 헤치고 노래를 부르며 속속 도착하였다. 펠리온 헛은 먼저 도착한 트레커들이 자리를 차지하고 있었다. 하지만 규모가 커서 우리 탐사대도 한 쪽에서 식사할 수 있었다.

태즈메이니아 최고봉 오사산을 등반하는 날이다. 오사산은 우리나라 덕유산과 비슷하지만, 정상 직전의 급경사가 만만치 않은 산이다. 어제저녁부터 내린 눈이 걱정이다. 먼저 다녀온 호주 현지인이 우리 탐사대를 걱정해서 오사산 등반이 어려우니 다른 선택을 하라고 조언했었다. 그래서 전날 탐사대장과 대원들이 현지인의 말에 오랜 시간 토의를 하며 대상지를 바꾸려는 분위기까지 갔는데 나는 대원들이 열심히 훈련했고 안 될 때 안 되더라도 시도는 해보자는 의견을 제시했다. 그런 우여곡절 끝에 오사산을 오르기로 하였다.

대원을 앞세우고 뒤따라서 걷는다. 펠리온 갭에 오르니 사방천지가 눈으로 둘러싸여 있다. 서둘러 아이젠을 착용하고 오사산으로 향했다. 평지가 끝나는 지점부터 계단을 올라가니 시그널로 사용하는 막대기가 보였다 안 보였다 한다. 내가 러셀을 하며 앞장섰다. 순전히 감각으로 길을 찾아 나아갔다. 암반이 보여 딛고 앞쪽 눈을 살짝 밟았는데 허리까지 빠져버렸다. 웅덩이가 아니라서 다행이었다. 나뭇가지를 잡고 일어서는데 맞은편에서 스키를 맨 현지인이 오고 있었다. 스키어에게 반갑게 인사를 하고 오사산 등반 가능성을 물어보았다. 눈치를 보니 쉽지 않은 표정이다. 오사산을 바라보며 8부 능선의 꼴을 돌파하기가 쉽지 않을 것이라 한다. 그쪽을 보니 정말 눈이 한가득이다. 주변은 절벽이거나 잡목이라 우회로도 없다. 우선 대원들에게 내색하지 않고 나는 그 스키어의 발자국을 충실히 따라갔다. 오사산 등산로는 오후가 되면서 눈 녹은 물로 물길이 생겨 발을 디딜 곳을 찾느라 신경이 쓰였다. 어느 정도 통과하니 아까 현지인이 알려주었던 꼴에 도착하였다. 푹푹 빠진 발자국이 선명하고 일부는 글리세이딩을 한 흔적이 있었다. 나는 조금 단단하게 보이는 지점에 스텝을 만들기 시작했다. 하지만 건설이라 발이 허리까지 계속 빠졌다. 점점 힘에 부치기 시작했다. 억지로 절반까지 올라가서 위를 보니 대원들이 걱정되어 탐사 대장에게 눈짓했다. 탐사 대장은 윤태종 대원과 함께 좀 더 가보겠다고 하였다. 탐사 대장이 시야에서 사라졌다가 나타나서 하산을 결정했다. 많이 아쉬웠지만 대원들의 안전이 더 중요한 일이었다. 우리는 조금 더 내려와 넓은 곳에 자리를 잡고 기념 촬영을 했다.

펠리온 갭에서 다시 배낭을 꾸리고 키아 오라 마운틴으로 향했다. 시간이 충분해 조금 여유롭게 운행했다. 이우주 대원이 넘어지고 힘들어해서 내가 어택 배낭을 받아 메고 내려왔는데 시야가 확보가 어려워 나도 넘어지고 말았다. 지친 상태에서 작은 어택 하나도 엄청난 무게감으로 다가왔다.

키아 오라에 도착해 행동식을 먹고 있는데 탐사대장과 운행 대원이 오늘 중간에 하산했으니 윈디 릿지까지 가자고 대원들에게 얘기한다. 나는 간식을 먹다가 깜짝 놀라 지금 상황이 눈이 많이 오고 금방 어두워질 텐데 왜 그런 결정을 했는지 물었다. 운행 대원이 윈디 릿지까지 8.5km를 가면 내일 운행이 편해지니 그렇게 결정하였다고 했다. 운행 대원이 지도상의 거리만 보고 가능할거라 판단했으나 한두 시간 후면 해가 지는 상황이라서 위험하다는 의견을 제시했다. 운행 대원이 다음날이 20km가 넘는 거리라 8.5km를 오늘 가면 내일 파인밸리 헛까지 12km가 남아 딱 맞아떨어진다고 했다. 내가 가진 정보와 현지인으로부터 정보를 입수해서 대원들을 설득하고 헛에 짐을 풀었다. 그리고 밤새 눈이 내렸다. 나는 가슴을 쓸어내렸다.

새벽에 일어나 보니 그야말로 밤새 눈이 내렸다. 아무도 밟지 않는 눈을 밟으며 우리는 키아 오라 헛에서 윈드 릿지 헛까지 운행을 시작했다. 중간중간 눈싸움도 하면서 동영상도 촬영하고 느긋하게 운행했다. 하지만 대원들의 운행을 보니 오늘도 어김없이 야간산행일 것 같다. 윈드 릿지 헛까지는 고도를 상당히 올렸다 내려야 하니 거리에 비해 시간이 오래 걸렸다. 어제 오후에 출발 안 한 것이 정말 다행이라고 혼자 생각했다. 윈드 릿지 헛에서 파인 밸리 헛까지 5.6km는 내리막 평지라 뛰다시피 내려갔다.

계곡을 건너는데 출렁다리가 몇 개 나타났다. 한 사람만 지나다닐 정도의 폭이었다. 탁 트인 곳이 몇 군데 있었는데 그곳에서 조망하는 주변 산들이 파노라마를 이루고 있어 너무 아름다웠다. 히말라야의 전경과는 사뭇 달랐다. 오늘도 어김없이 야간산행이다. 엎어지고 넘어지면서 파인밸리 헛에 도착하였다.

오버랜드 트랙 중 우리 탐사대가 계획한 마지막 사이드 트립인 아크로폴리스산을 등반하는 날이다. 나는 다시 피켈을 움켜잡았다. 오늘 왠지 정상이 열어줄 것만 같은 기분 좋은 날씨다. 하지만 그것은 착각이었다. 앞장서 걷다가 대원 한 명이 힘들어하는 것 같아 어택 배낭을 달라고 했다. 배낭을 앞에다 메니 발 디딜 곳을 찾는 것이 힘들어 속도가 나질 않는다. 윤태종 대원이 뒤에서 보다가 급히 올라온다. 아마 탐사 대장이 나를 보고 대원들이 나눠지라고 했나 보다. 조금 급한 오르막을 오르니 완만한 안부가 길게 이어져 있다. 경치가 기가 막힌다. 아크로폴리스산부터 올림푸스산까지 주변의 산군들이 한눈에 들어왔다. 우리 탐사대의 마지막 종착지인 나르시서스 호수도 발아래 펼쳐졌다. 멀리 보이는 아크로폴리스산도 어렵지 않게 보였다. 특히, 바람 한 점 없었다.

정상 들머리로 가니 아차 길이 안 보였다. 눈이 많이 와서 길을 덮어버렸다. 러셀을 하다가 힘에 부쳐 믿음직한 고준호 대원에게 바통을 터치했다. 고준호 대원도 잘 진행되다가 어느 부분 길을 뚫지 못해 난감해했다. 고준호 대원이 막히면 나는 조금 떨어진 부분부터 위쪽으로 다시 길을 뚫었다. 길을 뚫다 보니 막대 시그널이 나타났다 사라지기를 반복했다. 이때부터 불안해지기 시작했다. 오늘도 '힘들겠구나' 생각했다. 눈이 와도 너무 많이 와 버렸다.

정상 설 사면에서는 윤태종 대원을 앞장세웠다. 씩씩하게 잘도 간다. 나머지 대원들은 남의 속도 모르고 눈에 파묻혀 동계 등반의 묘미를 만끽하고 있었다. 몇몇 경험 있는 대원만 어떻게든 루트를 뚫으려고 사투를 벌이고 있었다. 윤태종 대원이 바위벽 밑으로 치고 올라가는 걸 불안하게 보고 있다가 주위를 살펴보니 오른쪽에 막대시그널이 보였다. 윤태종 대원을 부르고 내가 그 방향으로 길을 뚫었다. 연속으로 막대 시그널이 보였다. 희망이 보인다. 하지만 그것도 잠시 나는 발을 헛디뎌 추락했다. 추락하면서 180도 회전을 하여 오른쪽 등을 바위에 심하게 부딪혔다. 지나고 나서 생각하니 머리가 아니라 천만다행이었다. 엄청난 고통에 고함을 크게 질렀지만, 대원들과 간격이 멀어 대원들은 듣지 못했다고 한다. 1~2분이 지난 뒤 팔을 들었다. 다행히 부러진 곳은 없는 것 같았다. 몸을 일으켜 위를 보니 설사면이 펼쳐져 있다. 오른쪽으로 트래버스를 하면서 제발 시그널이 나오기를 기도했다. 하지만 허사였다. 이번에는 벽 쪽으로 붙어봤다. 그때 탐사대장이 나를 발견하고 내려가자고 외쳤다. 그리스 아테네의 아크로폴리스 같이 바위들이 나란히 있는 정상부를 한 번 쳐다보고 뒤돌아섰다.

밤새 걱정이었는데 다행히 통증이 심하지는 않았다. 먹는 약과 바르는 약으로 치료하고 오버랜드 트랙을 마무리 짓기 위해 서둘렀다. 나르시서스 헛까지 10km 정도 내리막이고 어제 갈림길부터는 거의 평지라 예약한 배편보다 한 타임 앞당기기 위해 나와 문기빈 대원은 뛰다시피 걸었다. 문기빈 대원이 이렇게 잘 걷는다는 걸 이제야 알았다. 나르시서스 헛에 도착하니 어디서 나타났는지 루트 상에 만나지 못했던 많은 트레커들이 있어 신기했다. 문기빈 대원이 배 티켓 때문에 통화하더니 한 타임 빠른 배에는 6자리밖에 남지 않았다고 했다. 우리 탐사대가 둘로 쪼개질 수밖에 없었다.

만석인 보트를 타고 나르시서스 호수를 가로질러 나아갔다. 뒤로 돌아보면서 장기 등반 후 소공원에서 설악을 돌아보던 아련함이 오버랩 되었다.

"잘 있거라 오버랜드 내 다시 오리니"

결국 오버랜드 트랙의 사이드 트립 3개 중 하나만 성공한 셈이 되었다.

하지만 미련은 없다. 청소년 대원들과 같이 훈련하는 것만으로도 나는 행운아다. 현지에서 합류한 OB 대원에게 지도위원님 등반만 하는 것 같다고 핀잔도 들었다. 훈련 과정 중 많은 정보를 대원들에게 전달하고자 했으나 내 욕심이 과했던 것 같았다. 받아들일 준비가 안 되어 있는데 일방통행식 전달은 생각해 볼 문제이다. 우리 탐사대에 대학산악부 출신도 몇몇 있었지만 예전과 다르게 장기 등반이나 설악산 등반, 동계 죽음의 계곡 등반의 경험이 없다 보니 야영 및 취사 생활에 개선할 점이 많이 보였다. 오지탐사대 경험과 훈련을 계기로 각 학교로 돌아가 후배 양성에 힘써 주기를 진심으로 부탁하고 싶다.

청소년 오지탐사대는 대한산악연맹의 사업 중 오랜 역사를 가진 정말 중요한 사업의 하나라고 생각했고 시스템을 많이 배우고 싶었다. 나 또한 우리 지역에서 청소년 사업에 전념하고 있기 때문이다. 하지만, 예전의 방식을 고수한다면 냉철히 판단하고 토의해 볼 필요가 있다고 본다. 대한산악연맹의 미래를 짊어지고 나갈 젊은 회원들을 양성하는 목적이 더욱 드러나는 한국청소년 오지탐사대의 발전을 기대한다.

태즈메이니아 탐사대 기록

1. 탐사대 행정

1) 항공

출국: 인천공항(7월 23일 11시 0분) ⇒ 쿠알라룸푸르(7월 23일 16시 35분)

도착: 맬버른(7월 24일 12시 40분) ⇒ 호바트(7월 24일 13시 55분)

귀국: 호바트(8월 10일 8시 0분) ⇒ 맬버른(8월 10일 9시 20분)

경유: 맬버른(8월 10일 13시 40분) ⇒ 쿠알라룸푸르(8월 10일 20시 15분)

도착: 쿠알라룸푸르(8월 10일 23시 30분) ⇒ 인천공항(8월 11일 7시 10분)

항공 수하물 중량 초과

출국과 귀국 모두 수하물 기준 중량을 초과하였다. 출국할 때 3kg 정도 추가는 추가 비용 없이 수하물을 부칠 수 있었다. 귀국할 때는 추가 수하물 비용을 고스란히 물어야 했다. 사전에 무게가 나가는 물건들을 기내 수하물로 들고 탔으면 하는 아쉬움이 있다. 특히 무거운 등산화 등은 신고 기내에 들어가서 샌들로 갈아 신으면 된다. 75L의 배낭 허리, 헤드 부분을 제거하여 기내 수하물로 들고 탔다.

2) 관광 비자 발급

호주는 관광비자가 필요하다. 'Australian ETA' 앱을 다운로드해서 신청. 비자 신청 후 대부분의 경우 즉시 승인되며, 이메일로 승인되었음을 알려준다.

3) 여권

여권 분실에 대비해 전 대원이 여분의 여권 사진 2장과 여권 사본 3장을

준비했다. [호주 대한민국 대사관: +61-2-6270-4100(대표)]

4) 교통

- 태즈메이니아는 대중교통 이용이 원활하지 않으니 탐사를 위해서는 차 렌트가 필수적이다.
- 운전할 수 있는 조건: 호주에서 렌트를 하려면 운전 경력 1년 이상이 필요하며, 국제운전면허증(IDP)가 필요하다. 나이는 25세부터 빌릴 수 있으나 30세 이후 10년 이상의 운전 경력을 가진 운전자가 운전하는 것이 가장 저렴하게 차를 빌릴 수 있으며 운전자를 추가하는데 별다른 비용이 추가되지 않지만, 최소 연령 운전자의 기준으로 차량 렌트비가 책정된다. 이번 탐사의 경우 장거리 이동이 많아 렌트 차량의 운행거리를 제한하는 경우가 많으니 이 점을 확인해야 한다.
- 운전 시 주의할 점: 한국과의 운전 방향이 반대다. 야생동물이 많아 로드 킬을 당한 야생동물이 종종 보인다. 야생동물 주의 표지가 없어도 운전하며 야생동물이 나오는지 항상 신경을 써야 한다.
- 주유하는 법: 렌터카의 경우 보통 91을 주유하면 된다.

*91이란?
옥탄가에 따라 숫자로 나뉘는데 가솔린이 연소를 할 때 이상폭발을 일으키지 않는 정도를 뜻한다. 숫자가 높을수록(95,98) 고급 휘발유로 분류되는데 시중에 가장 많이 쓰는 휘발유가 바로 91이다. 하지만 태즈메이니아의 경우 커다란 땅에 주유소가 많지 않다 또한 시골지역의 6시 이후 문을 닫으니 주유는 항상 여유 있을 때 해두는 것이 좋다

4) 국립공원 입장

- 파크 패스: 태즈메이니아 국립공원에 들어가기 위해서는 '파크 패스(Park Pass)'를 구매해야 한다. 온라인으로 신청, 결제할 수 있다.

	하루	2달 동안 모든 국립공원 이용	연간(차량 포함)	
차량 (8인까지 수용)	40$	80$	모든 국립공원	1년: 90$ 2년: 115&
사람(1인당)	20$	40$	1개 공원 선택	1년: 46$

*벌금

국립공원에 주차를 할 경우 대원들의 파크 패스를 인쇄하여 대시보드에 올려놔야 벌금을 내지 않는다.

- 트랙 예약: 오버랜드 트랙의 경우, 출발 24시간 전 온라인 예약을 해야 한다. 겨울에는 입장료가 없다. 겨울에는 신청자가 거의 없긴 하나, 선착순 34명 한정이니 예약하는 것이 안전하다.

5) 호바트 물가

한국에 비해 식재료는 싸고, 식당에서 먹는 음식은 비싼 편이다.

품목	단위	가격(호주달러)
물(생수)	1.5L×6팩	16.6
쌀	2kg	6.5
오렌지	1kg	3.5
크림치즈	250g	5.7
우유	1kg	8
켈로그 시리얼	185g	4
타블론 초콜릿	50g	1
파워젤	160g	5.95
오뚜기 진라면	1봉(5개)	6.48
부탄가스	4개	9
epi 가스	1개	4.5

2. 탐사대 장비

1) 공용장비

- 야영 장비: 텐트(15인용 1개, 5인용 1개), 돔 랜턴(1개), 그라운드시트(1개)
- 취사 장비: 코펠(8인용 1개), 스토브(3개), 스토브 바람막이(3개), 리액터(1개), 간이 정수기(1개)
- 기타: 클린 백, 다용도 칼, 잡끈, 가위, 청테이프, 바느질 세트, 라이터, 손저울, 태양광 보조배터리, AAA건전지 등

공용장비 사용 Tip

- 피켈 & 로프: 오사산, 아프로폴리스를 등정하기 위한 필수 장비. 1m 이상 눈이 쌓여있어 제동 장비가 필수적으로 필요하다.

- 가스 어댑터: epi 가스의 경우 부탄가스보다 구하기 어렵고 가격이 비싸 어댑터를 만족스럽게 사용했다. 부탄가스를 사용할 수 있는 가스선이 있는 경우 구매하는 것을 추천한다.
- 텐트 등: 워터폴 밸리 헛을 제외한 모든 헛에 전등이 없었다. 텐트 등이 없었다면 밤에 조리. 배낭 정리, 평가회 등 야간 활동을 하는 것이 어려웠을 것이다.
- 리액터(제트 보일): 날씨가 추워 티를 많이 먹었는데 대원들에게 따뜻한 물을 빠르게 제공하는 데 무척 도움이 되었다. 스토브 3개, 제트보일 2개를 챙겨갔고 빠른 열 공급을 위한 필수 장비이다.
- 수낭 & 간이 정수기: 쿡 헛은 사용하지 않은 지 오래되어 물에 벌레가 떠다녔다. 자연 강물은 정수기로도 정수가 안 되어 색깔이 녹색이니

물을 많이 챙겨가는 것을 추천한다. 수낭과 같이 대용량으로 물을 챙길 방법을 강구해가면 더욱 좋을 듯하다.

- 착화제: 불쏘시개로 쓰인다. 파인 벨리 헛에서 불을 붙이는 데 사용하고, 마리아 아일랜드 방을 빌렸을 때도 필요했다.
- 가스: 가스를 몇 개 챙겨가야 하는지 많은 고민이 필요하다. 겨울이라 가스를 많이 쓰긴 했지만, 항상 남아돌아서 문제였다. 시간과 여유가 된다면 밥을 하면서 한 끼에 얼마만큼의 가스가 필요한지, 얼마나 사용할 수 있는지 파악해두면, 짐의 무게를 크게 줄이는 데 도움이 될 것이다.

2) 개인장비

- 의류: 고어텍스 재킷, 방풍 재킷, 우모복, 티셔츠(동계, 하계용 총 4개),

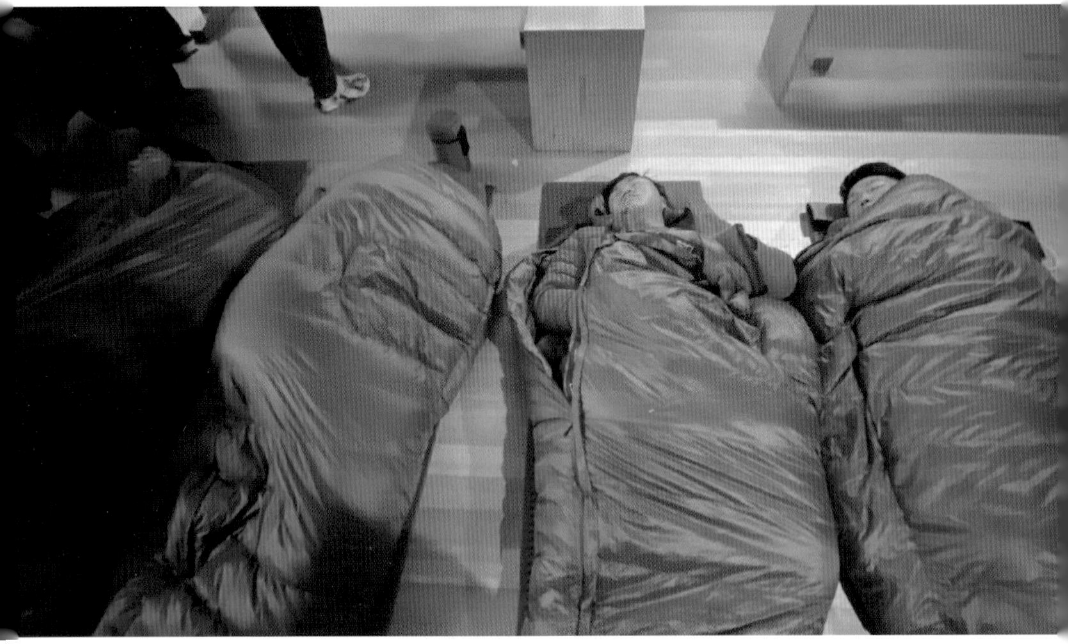

바지(동계, 하계용 총 3개), 바라클라바, 비니, 버프, 스카프, 장갑(스트레치 장갑, 동계 장갑), 우의

- 신발: 동계용 등산화
- 등산 장비: 배낭, 등산 스틱, 헤드 램프, 스패츠, 수통, 침낭, 매트리스

★ 위 개인장비는 청소년오지탐사대 후원사 콜핑 지원 ★

개인장비 사용 Tip

- 대형 배낭(75L): 어깨끈이 풀려서 대원들이 매우 불편했다. 결국 끈을 묶어서 고정해야 했다. 32L 배낭과 결합 시 사이드 끈이 짧았고 과하게 당겨서 버클이 망가지는 경우가 있었다.
- 소형 배낭(32L): 탐사 기간 내내 75L 배낭에 결합해서 사용하였는데, 소형 배낭은 정상 등반일, 마리아 아일랜드 탐사 등을 할 때 필요한 물

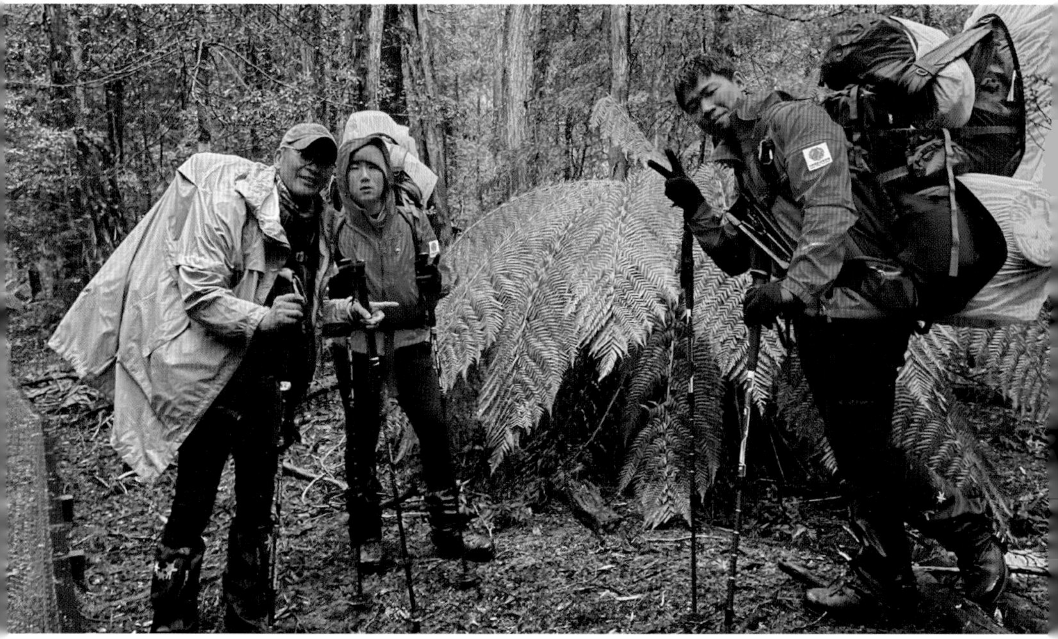

품들만 가볍게 챙겨갈 수 있어 도움이 된다.

- 중등산화: 비와 눈이 자주 내려서 고어텍스 등산화가 유용했다.
- 슬리퍼/샌들: 필수 준비 품목이다. 등산화를 말릴 때 슬리퍼가 없는 대원들은 헛에서 맨발로 돌아다니거나 마르지 않은 축축한 등산화를 신고 다녀야 했다.
- 등산 스틱: 데크 길을 걸을 때 스틱 촉이 데크 사이에 끼어 부러지는 경우가 있으니 주의가 필요하다. 가벼운 스틱이 좋기는 하나 체중을 주면 부러지고 휘는 현상이 있으니 탐사에서는 스틱의 강도도 고려해서 준비하는 것이 좋겠다. 동계용 바스켓은 지형마다 평가가 달랐는데, 눈에서는 편했지만, 나무가 많은 지형에서는 바스켓이 자꾸 나무뿌리에 걸려 불편했다.
- 스패츠: 스패츠의 위 똑딱이 부분이 쉽게 고장이 나서 대원들이 아주

불편했다. 오버랜드 트랙의 경우 항상 비 또는 눈이 내렸는데 시간이 지날수록 스패츠에 대한 성능이 떨어져 나중에는 방수가 되질 않았다.

- 10발 아이젠: 설상 장비는 정상을 갈 때만 필요한데. 이중화 대신 10발 아이젠을 사용했는데, 적절하게 사용하여 만족스러웠다.
- 보조배터리: 고프로, 핸드폰의 충전부터 시작하여 텐트 등, 헤드랜턴 등 광범위하게 사용했다. 인당 보조배터리 30,000mah 이상 챙겨가는 것을 추천한다. (겨울이라 밤이 길어 하루에 6시간 이상 등을 켜놔야 했다.)
- AAA 건전지: 보조배터리의 경우 30,000mah까지는 수화물로 문제가 없지만 AAA 건전지의 경우 인당 20개 이하로 가져가야 한다.
- 시에라 컵: 시에라 컵은 크기가 작아 밥 먹을 때 여러 번 퍼야 해서 불편했다. 시에라컵도 큰 사이즈로 준비하는 것이 좋다.
- 책: 이곳은 겨울이라 밤이 길어 헛에서 오랜 시간 여유가 있을 거라 생각했지만, 배낭 무게, 식사 시간 때문에 여유가 없었다. 탐사 기간 여유를 부리는 물건은 사치가 아닐까 생각한다.

3. 탐사대 식량

1) 국내 준비

- 호주는 입국 시 음식 통과가 매우 까다로워 되도록 포장된 음식으로 소분하지 않고 완제품으로 가져갔다. 중요하게 체크해야 할 점은 소와 관련된 식품은 반입금지이니 소고기가 들어가지 않은 식재료나 소가 그려져 있지 않은 상품을 선택해야 한다.
- 국내에서는 주로 건조식품과 소스류를 구매했다. 건조 김치, 즉석비빔밥, 황태채, 누룽지, 자른 미역, 즉석 북엇국, 즉석 우거짓국, 진미채, 빙수 떡, 굴소스팩, 짜장 분말가루, 미숫가루, 불닭소스 등을 준비했다.
- 젓갈류 포장은 랩으로 포장하여 진공포장까지 3중으로 하였더니 수송

중 터지지 않았다.

- 식료품 패킹은 겉 포장지는 분리해서 버리고 일정별로 필요량만 소분하여 지퍼백에 재포장을 했다.
- 액체류와 가루류는 국내에서 가져온 스파우트 파우치와 약국에서 파는 물약통에 소분하였다

2) 현지 구매 식재료

- 호바트에 위치한 '다골라 한인마트'에서 식재료를 구매할 수 있다. 국내 보다 약 1.5배 정도 비싸지만, 수하물 추가 비용을 고려하면 현지 구매가 경제적일 수 있기에 무게가 있는 액체류는 한인 마트에서 구매하였다.
- 한인마트에서는 고춧가루, 참깨, 쌈장, 고추장, 초장, 소불고기 소스, 고추장불고기 소스, 떡볶이 소스, 미림, 국간장, 다시다, 연와사비, 참기름 등을 구매했다.
- 태즈메이니아 대형마트인 울워스(Woolworths)와 콜스(Coles)를 주로 이용하였다. 소형마트와 가격차이가 많이 난다.
- 선라이즈(Sunrice) 브랜드의 미디엄 그레인(Medium Grain) 빨간색 포장이 우리나라 쌀과 비슷했다. 한국 쌀에 비해 물을 더 넣어야 한다. 280mL 시에라 컵으로 계량하였는데, 시에라 한 컵을 1.5인분으로 계량하였다. 호주 쌀 2kg 중 시에라 컵으로 여덟 컵을 계량하면 11분 식사에 딱 맞다.

3) 행동식 & 차

- 개인 행동식은 금액을 정해주고 개별적으로 구매하게 하였다. 각자 산 행동식을 나눠 먹는 즐거움도 있었고 다른 나라의 마트와 식재료를 대원들이 직접 골라 먹어볼 수 있어서 좋았다.
- 시리얼은 달지 않고 자극적이지 않아 먹기 좋고 포만감이 있다.
- 오트밀 바는 간편하게 먹기 좋으며, 물리지 않아 손이 잘 가고 포만감이 있다.
- 와인플래터(초리조햄+치즈)는 짭짤하여 나트륨 보충에 용이하다.
- 새콤 젤리는 텁텁한 행동식만 먹다가 새콤한 젤리를 먹으면 상쾌하다.
- 핫초코가 가장 인기 있었고, 티백 차는 쓰레기가 생기기에 분말 형태로 물에 잘 녹는 홍차를 구매하였는데, 꾸준히 먹기에 좋았다.

식단 운영 Tip

- 무게를 줄이는 것이 가장 중요하다. 가벼운 식재료로 선택해서 가져갔어도 무게가 만만치 않았다. 모두 매 끼니 식사를 만족스럽게 하였지만, 배불리 먹기보다 1인분씩 줄여 무게를 줄였으면 하는 생각이 든다.
- 비상식으로 챙긴 소면 500g, 짜장 가루, 으깬 감자 파우더 350g 등을 요긴하게 사용했다.
- 감자수프 또띠아: 으깬 감자 파우더로 감자수프를 만드는 데, 물만 끓이면 5분 안에 조리가 되어 간편하다. 수프보다 포만감이 있으며, 위에 오래 남아 있다. 또띠아는 다른 빵과 달리 딱딱해지지 않아 데우지 않아도 되어, 수프와 먹기 좋았다. 가볍고 부피가 작아 운행 중에 무게에 대한 부담이 적었다.
- 마시멜로: 프라이팬에 올려놓고, 방안 화로 위에 올려두면, 마시멜로가 녹아 후에 비스킷을 찍어 먹으면 맛있다. 티타임 때 브릭치즈와

비스킷이 인기가 많았다. 특히, 울워스에서 'ASH TRIPLE CREAM BRIC CHEESE'가 콤콤한 맛이 없고, 짜지 않아 맛있었다.

- 프라이시넷 페이슐라 트랙에서는 식수 구하기가 어려우니 물을 적게 사용하는 식단으로 구성하는 것이 좋다.

4) 조리 역할 분담

아침 식사는 3~4명, 저녁 식사는 7명 대원 전체가 다 같이 식사 준비를 하였다. 식단에 따른 레시피를 메모해 두고 대원 각각 역할을 미리 정해놓

으니 각자의 역할에 집중하여 효율적으로 빠르게 조리를 할 수 있었다. 더군다나 스토브가 3개이고, 코펠이 4개이기에 시간 내 조리하려면 어느 것부터 조리할지, 어떤 기구를 어디에 사용할지 미리 생각해두어야 한다.

예를 들면, 쌀로 밥을 하는 데 시간이 가장 많이 소요되었기에, 큰 코펠 1개와 중간 코펠 1개, 스토브 2개로 밥부터 해야 한다. 그리고 남은 스토브 1개로 햄을 구웠다. 햄 양이 많은데 프라이팬은 작으니 굽는 데 시간이 걸렸다. 국은 리액터로 물을 끓인 뒤, 코펠에 뜨거운 물과 즉석국 큐브를 넣고 녹이고 간을 맞춘 뒤, 마지막에 한 번 더 끓여주는 방식으로 조리하였다. 이런 방식으로 어떤 것부터 조리하며, 어떤 기구를 이용할지 하나하나 상세히 계획해 놓으니 당황하지 않고 정해진 시간 내에 효율적으로 조리를 할 수 있었다.

식량 담당자의 소회

탐사 후 대원들의 컨디션에 따라서 혹은 헛의 상황 등 변수가 많아서 그때그때 식단이 달라져야 했기에 식단 계획을 세워놓더라도, 그대로 이행되지는 않았다. 탐사 일정이 바뀌면 식량이 남게 되거나 부족하게 되는 경우가 생기고, 그에 따라 대처할 수 있어야 했다, 하루하루 식재료는 어떤 것을 썼는지, 그리고 그 양이 어떻고, 대원들의 평이 어떤지 상세하게 기록해놓았기에 비상식도 다 쓰고, 조미료 외 남는 식재료가 없었고, 대원들의 만족스러운 식사를 이끌어낼 수 있었다고 생각한다. 산행을 하며 50%는 식량 생각만 한 것 같다. 레시피 생각도 있지만, 스토브가 3개이었고, 화력이 약했기 때문에 효율적으로 조리를 해야 시간 내 조리를 마칠 수 있었기에 일의 순서를 머릿속으로 정리하면서 걸었다. 식재료 어떤 것을 사용하고, 얼마나 필요할지, 어떻게 조리할지를 머릿속으로 정리를 끝내야 식사 준비 시간에 대원들에게 바로바로 지시를 내릴 수 있다. 11명의 식사를 계획하고 준비하는 것이 벅찰 때도 있긴 했지만, 7명의 대원이 너무 잘 도와주어 항상 맛있는 식사를 할 수 있었다고 생각한다.

국내 7회에 걸친 훈련에서 식단을 짜면서 되도록 탐사 기간에 먹을 식단으로 계획하여 먹어보니, 우리 팀의 식사량과 기호도 등을 알 수 있었다. 그러나 국내 훈련할 때 음식 지원이 풍족하여 계획했던 오트밀을 계속 먹지 못했었다. 탐사 기간에 조식으로 오트밀을 하니 대부분의 대원이 불호여서 남게 되었고, 다음 식사에 계획한 오트밀 500g을 계속 들고 다녀야 했다. 부식까지는 아니더라도 주식으로 먹을 재료는 꼭 먹어 봐야겠다고 생각했다.

5. 탐사대 의약품

1) 탐사 전

병원에서 의사 선생님께 사전에 탐사지가 어떤 환경이고 무슨 활동을 하는지 상담하고 감기약 2주 치와 영문 처방전 & 영문 의사 소견서를 처방받았다. 또한 2008년도 보고서를 참고하여 의료품을 준비하였다. 비행기를 탈 때 공항에서 확인을 할 수도 있어 포장지를 제거하지 않고 처방받은 약은 영문 처방전과 함께 동봉하여 큰 파우치에 한꺼번에 보관하였다.

2) 구간별 의료 상황

- 오버랜드 트랙: 눈이 내려서 운행 중 자주 미끄러졌다. 또한 호수에서 수영도 하였고 러셀 도중 추락도 있었다. 근육통 약과 종합 감기약을 자주 사용하였다. 특히 요리하면서 스토브를 사용할 때 가장 조심해야 한다. 스토브를 사용할 때 가스가 새서 불이 붙는 일이 생겨 화상을 입을 뻔했다.
- 프레이시넷 서킷: 나무뿌리와 돌이 많은 길에서 넘어져서 스틱이 부러지는 일도 있었지만, 대원들 모두 다치지 않고 잘 마쳤다.

• 마리아 아일랜드: 자전거를 타고 탐사하였고 그전 탐사에서 다친 후유증으로 인한 통증으로 사용한 의료품 빼고는 사용한 의료품이 없다.

의료 담당자 소회

예전 탐사 보고서를 바탕으로 지금 판매하는 약과 판매하지 않는 약, 필요한 약, 필요 없는 약을 조사하였으며, 사용 빈도는 낮았으나 응급상황에 대처할 수 있는 약품을 선정하기 위하여 노력하였다. 그리고 탐사 기간 트레킹을 많이 하는 일정이라서 다리에 부담이 많이 되리라 추정하여 근육통약(로시덴 겔)과 압박 붕대, 스포츠 테이핑을 대량으로 준비했다. 또한 스포츠 테이핑은 대원 각자가 준비하여 공용 테이핑은 사용하지 않았다.

의료 대원은 대원들의 건강을 책임지는 만큼 약의 수량과 용법을 알아야 한다. 태즈메이니아 탐사 시 크게 다친 대원은 없고 아주 작은 부상이 있는 대원들이 있어 많이는 사용하지 않았다. 대원들이 대체로 건강하고 체력이 좋아 사용한 약이 별로 없었다. 하지만 간단한 외상 치료제와 종합 감기약, 처방받은 감기약, 스트렙실, 비타민, 타세놀, 로시덴겔 등은 사용 빈도가 높았다. 추가로 테이핑 법, 응급처치, 의료 약 사용법 등을 숙지해서 탐사 가는 것이 좋겠다.

6. 탐사대 촬영

1) 사전 준비

국내 훈련에서 촬영 구도 잡는 방법을 연습했고 탐사에서 사용할 촬영 장비를 사용해서 촬영하면서 연습했다. OB 선배들과 국내 산행을 하면서 촬영 잘하는 방법을 전수받고 탐사에서 촬영 장비 보관하는 방법을 배웠다. 비행기를 탈 때는 수화물에 배터리를 넣을 수 없으니 촬영 장비와 보조 배터리는 기내에 휴대해야 한다.

2) 탐사 중 촬영

- 오버랜드 트랙에서 탐사하는 7일 동안 촬영 장비 배터리 충전을 하지 못한다. 휴대전화 보조배터리 30,000mah을 챙겼고 고프로 히어로 10 보조배터리 5개를 챙겨 갔다. 필름 카메라는 필름이 한정적이라서 신중하게 촬영하였다. 고프로는 배터리 사용 시간은 2시간이지만 기후 영향을 많이 받아서 배터리가 방전될 수도 있고 2시간 동안 촬영을 못할 수도 있어서 눈이 많은 곳이나 자연환경이 바뀔 때만 영상 촬영을 하였다.
- 반 블러프를 등반할 때는 너덜지대를 지나는 것이 위험해서 양손과 양발을 사용해야 하므로 고프로를 가슴 마운트에 결합하여서 영상 촬영을 하였다.

- 오사산과 아크로폴리스 등반을 할 때는 눈이 정말 많이 왔고 바람도 많이 불었고 상당히 추웠다. 고프로는 기후 영향을 많이 받기 때문에 고프로가 방전되어서 영상 촬영을 못 했다.
- 프레이시넷 서킷 탐사에서는 비와 바람이 상당히 많이 불어서 고프로를 사용해서 영상 촬영을 하였다. 와인 글라스 베이 해변에 들어가서 수영했는데 고프로를 사용해서 영상 촬영을 하지 못해서 아쉬움이 남는다.
- 마리아 아일랜드에서 자전거 탐사는 가슴 마운트에 고프로를 결합해서 영상 촬영을 하였다. 야생 동물들이 많아서 가까이 다가가 사진과 영상 촬영을 할 수 있었다.

3) 기록 백업

단체 사진도 탐사 대상지별로 분류하였고 대상진별로 사진과 영상 파일을 각각 만들어서 외장하드에 백업하였다.

촬영 Tip

국내 훈련할 때부터 장비 사용을 익숙하게 할 수 있게 하고 촬영 구도와 잘 찍는 방법을 미리 연습해야 한다. 사소한 것까지 열심히 촬영해야 한다. 환경이 바뀔 때마다 촬영해두고, 동물을 마주치면 순간 포착이 중요하다. 팀원도 순간 포착을 잘해야 한다. 순간 포착을 잘하면 웃기고 재밌는 사진을 찍을 수 있고 기억에 남는 사진을 찍을 수 있다.

휴대전화를 주로 사용해서 영상 & 사진 촬영을 하였는데 인물모드, 타임랩스 등의 기능을 활용을 하면 좋다. 필름 카메라를 준비했는데 그만의 감성이 있어서 좋은 추억을 찍을 수 있었다. 필름 카메라는 정해진 필름 양만 촬영이 가능하기 때문에 신중하게 촬영해야 한다.

촬영 담당자의 소회

촬영 담당은 체력이 중요하다고 생각한다. 왜냐하면 촬영 담당은 앞에서 팀원들이 오는 장면을 촬영해야 하고 뒤에서도 촬영해야 하기 때문이다. 앞뒤에서 촬영하기 위해서는 뛰어야 할 때도 있기 때문에 체력이 좋아야 한다. 촬영은 촬영 담당만 하는 것보다 팀원이 도와주면 힘들지 않게 촬영할 수 있고 탐사에서 팀원들이 촬영을 많이 도와주셔서 좋은 사진 & 영상을 촬영할 수 있었다. 필름 카메라처럼 작은 이벤트가 있어서 좋았다.

7. 탐사대 기록

1) 탐사 전

호주의 겨울 날씨에 전자기기가 방전될 수 있다는 것을 감안해서, 기록은 수첩에 하고, 기기로 촬영한 것은 숙소에서 백업하기로 했다. 대 개의 수첩과 여러 종류의 펜(샤프, 매직, 볼펜 등, 기압과 온도 차이로 잉크가 터지고 고장 나서 사용하지 못하는 불상사에 대비)을 챙겼다. 그리고 스마트폰 방수 파우치를 준비해 갔다. 또한 데이터나 통신이 되지 않는다고 가정하여, 수첩 내용을 촬영한 것은 외장 하드나 대원 간에 블루투스로 백업을 계획했다.

2) 구간별 기록

• 오버랜드 트랙: 날씨가 예상보다 춥지 않아 휴대전화가 방전되거나 배

터리 사용 시간에 영향을 미치지 않아서, 수첩을 거의 사용하지 않았다. 주기적으로 기록한 내용을 SD카드와 블루투스로 다른 대원의 휴대전화에 백업해두었다. 또한 아주 가끔 통신이 될 때마다 이메일과 카카오톡에 백업해두었다. 하루 이동 거리가 길고 기온이 낮은 상황에서 바람까지 많이 불어서 그때마다 수첩이나 휴대전화를 꺼내어 기록하는 것이 힘들었다. 기억해 두었다가 쉬는 시간마다 기록하는 것을 추천한다.

- 프레이시넷 서킷: 비가 자주 오고 강수량이 많아, 휴대전화에 물이 들어가서 충전과 터치가 잘 안되는 상황이 많았다. 방수 파우치를 최대한 활용하고, 비를 피할 수 있을 때 기록하는 것이 좋다. 비가 많이 와서 수첩과 휴대전화로 기록하는 데에 불편하였다.
- 마리아 아일랜드: 비가 오긴 하였으나 강수량이 많지 않고 날이 따뜻하여 기록에 문제가 크게 없었다.

기록 Tip

- 대원 개개인이 남긴 일지로 사건 · 사고 기록을 상세히 남긴 것과, 사진에서 많은 정보를 얻을 수 있었다. 수기나 타이핑으로의 기록이 여의찮을 때는 사진이라도 잘 찍어두어야 한다.
- 스마트폰 '산길샘'앱을 이용하여 출발시간과 휴식 시간, 도착한 장소를 정확히 기록할 수 있었다. 데이터와 무관하게 GPS 수신으로 작동된다.
- 전자기기는 방수 파우치를 사용해야 한다. 방수 휴대폰 케이스를 지원받아 배낭 어깨끈에 결합하여 사용하니 편리하였다.
- GPS가 되는 스마트워치와 시계를 챙겨갔다.

기록 담당자의 소회

아날로그 방식의 기록보다는 디지털 방식의 기록을 더 자주 사용하였다. 기록은 촬영과 더불어 환경의 영향을 많이 받는다. 그 때문에 기억력이 좋고 장비를 잘 챙기는 등의 꼼꼼한 사람이 기록을 맡아야 한다. 부족한 부분은 대원들과 함께 메꾸어 가야 한다. 일지와 더불어 기록물은 후배들에게 물려줄 큰 자산이므로, 책임감을 느끼고 성실히 기록 직책에 임하길 바란다.

에필로그

평범한 청소년들에게 무엇과도 바꿀 수 없는 귀중한 경험을 안겨주셔서 감사합니다. 우리는 오지탐사를 통해서 '할 수 있다', '나도 해낼 수 있다.'는 용기와 자신감을 얻었습니다.

이 소중한 경험을 고이 간직하고 오지탐사대 OB로서 역할을 다하겠습니다.

2022 한국청소년 오지탐사대를 위해 아낌없는 지원을 노력을 해주신 모든 분들께 진심으로 감사드립니다. 특히 (사)대한산악연맹 손중호 회장님, 김영식 오지탐사대 추진위원장님, 양한모 대한산악연맹 청소년위원장님의 노고를 오래 기억하겠습니다. 마지막으로 한국청소년오지탐사대 공식후원사 (주)콜핑 박만영 회장님께도 깊이 감사드립니다.

2022 한국청소년 오지탐사대 일동